目次

暦と占い

暦と占い

秘められた数学的思考

永田　久

講談社学術文庫

暦と占い

秘められた数学的思考

序　章　時間を区切る

「暦」とはもともと何だろうか

私たちの周辺には、美しいカラー・カレンダーや、企業のイメージ・カレンダーが氾濫《はんらん》している。

その一つ一つを見ると、デザイン的にも秀れた現代的センスあふれるものが多い。しかし、そこに記されている具体的な暦《こよみ》の日付、年月日のこととなると、私たちは不思議なことに、まったく昔ながらの「数」の考えかたに振り回されているのに驚くことがある。

ハワイやヨーロッパに旅立つカップルは多いが、結婚式をわざわざ仏滅《ぶつめつ》や赤口《しゃっく》の日に選ぶ人は少ないし、日本のみならず、外国のホテルでも、ルーム・ナンバーで欠番にされている数字のあることはよく知られている。事業や旅行にも、干支《えと》やホロスコープを見て、日や星めぐりがよくないという現代人も少なくないはずである。

実は、そのうらには、私たちの祖先である人類が抱いてきた数についての考えかたが横たわっているが、そうした暦をめぐる考えかたについて、なぜそうなっているのか知らずに過ごしてきたことが多いのではないかと思う。

世界の歴史をひもといてみると、一年が二百七十一日という短い年があったり、四百四十五日の年もあった。それでは、一週間がなぜ十日でなく、七日なのか。二月はなぜ日数がいちばん少ないのか。英語のセプテンバーはなぜ〝七番目の月〟という意味なのか。あるいは聖母マリアが受胎告知をうけてから何ヵ月でキリストが生まれたのか。建国記念日はどのような年数計算で決められたか。

また、八卦《はっけ》からホロスコープまで、さまざまな占いが流行しているが、そこにはどんな〝数の論理〟があるのか。

本書では、人類が考えてきた数の論理を説明しながら、暦や占いの周辺を考えてみることにしよう。

さて、私たちの使う暦には「日読《かよ》み」という意味があるといわれているが、これは数珠つなぎにつながっている厖大《ぼうだい》な時間を一日ずつ区切っていくものである。

†「世紀」について

区切るといえば、世紀とは西暦を百年ずつ区切った時代区画をいい、例えば「二十世紀」は一九〇一年から二〇〇〇年までとなる。

それでは西暦二〇〇〇年一月一日は二十世紀だろうか。世紀の定義からすると、西暦二〇〇〇年まで、とあるから、二〇〇〇年を含むことになり、一月一日は当然、二十世紀に含まれることになる。すなわち一世紀は西暦一年から一〇〇年までであるが、西暦一〇〇年は一瞬間（点）ではなく、一月一日午前零時から十二月三十一日午後十一時五十九分五十九秒……までの幅があることになり、始点（始めの時刻）があって、終点（終わりの時刻）がない「閉開区間」となる。

数学では、ある区間の端がその区間に属していないとき、〝その点が開いている〟といい、属しているとき、〝その点は閉じている〟という。区間の両端が開いている場合には、その区間を「開区間」といい、両端が閉じている場合は「閉区間」、一方が閉じ一方一日ずつ区切るといえば、暦莢《れききょう》（蓂莢《めいきょう》）という草は、月の朔日《ついたち》から十五日まで、毎日豆のさやが一つずつなり、十六日から晦日《みそか》にかけて毎日一さやずつ落ちるといわれ、この草を見た古代中国の堯帝《ぎょうてい》が暦を思いついたといわれている。また、「細読《こよ》み」、つまり月日を細かく数えるものとする説もある。

いずれの説にせよ、暦日がつぎつぎと移ってくありさまを、細かく記した時の刻みであり、時間の流れに区切りをつけるというところに、暦のもともとの意味があるといえよう。

時の流れは永遠でもあり、無限でもあるように見え、人類とは無関係に流れているように思えるが、人類は自分たちの生きる世界を時間を通してどのように区切ってきたのか。

それを眺める前に、私たちの住んでいる世界がどんな世界なのかを覗いてみよう。

が開いている場合は「閉開区間」「開閉区間」という。

それでは西暦前一世紀はどうなるかというと、西暦には零年《ゼロ》がなく、西暦一年の一年前は西暦前一年となるので、前一世紀は前一〇〇年から前一年までとなる。

ところで『キリスト教百科事典』によると、キリストは前七年十二月二十五日に生まれ、西暦三〇年四月七日に十字架にかけられたとある。それではキリストは何歳で昇天したのであろうか。

西暦には零年《ゼロ》がないから、西暦一年から前に遡るときには、前一年からはじまる。すなわち西暦では、プラス1とマイナス1が隣り合っている。それゆえ、西暦前から西暦後までの年数計算をする場合、単なる足し算では正解が得られない。

キリストは、西暦前に六年間と数日、西暦後は二十九年と四ヵ月余り在世したわけで、結局三十五年と四ヵ月余りとなり、現代流にいうと三十五歳の生涯を終えたことになる。

〝果てしある〟宇宙

ふと眺めると、われわれをとりかこむ宇宙空間は、限りなく遠いところから限りなく遠いところまで、つながっているようにみえる。時間もまた、果てしなく遠い過去から果てしない未来へ悠久の流れに乗っているようにも思える。宇宙の広がりはいったいどこまでつづいているのだろう。

宇宙のかなたへ行ったらどうなるか。その先は、それから「闇雲《やみくも》に、めったやたらに、滅茶苦茶に」進んでいけばどうなるのか、と議論を重ねていくと、確かに無限の広がりと時の流れが感じられるかもしれない。しかしわれわれの住む空間や時間がなくなってしまうと考えることなど、到底できるものではない。

ところで、例えば「あっち」と指さしたとしよう。すると、その指の方向は地球を超えて、ずっと先へ一直線に向かっているのだろうか。それとも地面や水面に沿って地表をとりまく曲線方向に進んでいくのだろうか。われわれ人間の頭脳では、観念として「あっち」の方向というのをまさに直線的にとらえ、肉体では具体的に曲線方向を意識しているといってもよいであろう。

局所的にはどちらでも変わりがないといえばそれまでだが、どんなに小さく区切って考えても、それはまったくちがうものといわねばならない。実際になんら影響がないからといっても、理論を正当化する理由にはならない。ほんとうにそうであることと、考えただけで理

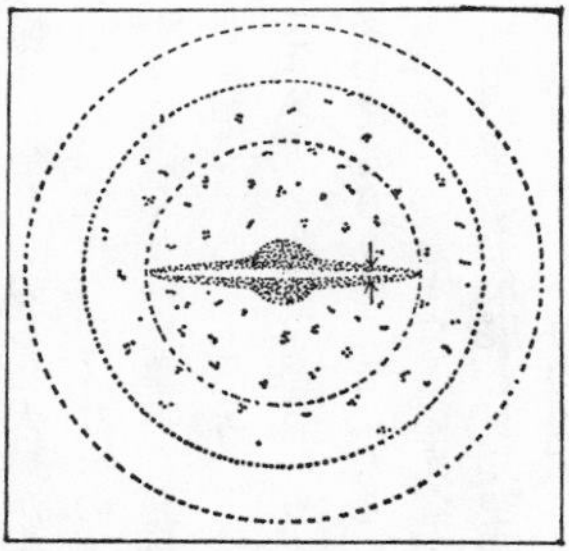

銀河系宇宙（点円は5, 7.5, 10万光年を示す）

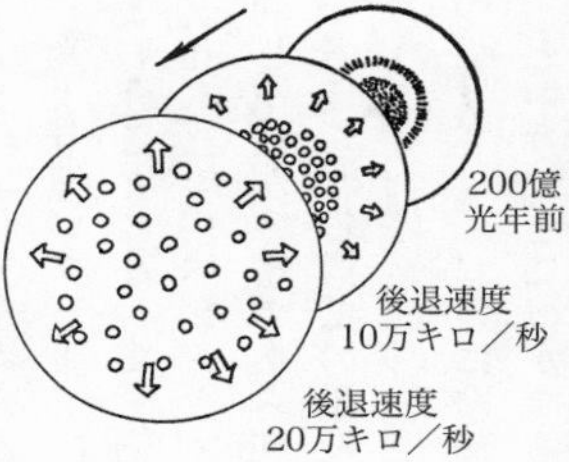

ビッグバン

念的にそうなるということはちがうのである。事実を論じるときには、まず存在証明をしておいてから議論しなければ、議論そのものが無意味になるのは当然である。

それでは、無限にひろがる宇宙空間というのは、ほんとうに実在するといえるのだろうか。

現代の天文学や宇宙物理学によると、宇宙はいまから約二〇〇億年前には、物質が密集して超高温超高圧の一つの火のかたまりだったといわれている。それがある瞬間、「ビッグバン」Big Bangという超大爆発を起こして、そのかたまりが周囲にとび散り、猛烈なスピードで四散していった。散らばるにつれて、温度も圧力も急速に冷え衰え、そのまま物体は離れ離れになって、しだいに遠くへおたがいの位置を引きはなしながら膨張していったのである。こうして数多くの星が生まれ、いまから五〇億年前に私たちの太陽が誕生し、四五億年前に地球ができたという。

やがて太陽の光合成によって、地表の水のなかに生命体が宿り、のちに人類が生まれて、「考える」ということが始まった。

一九二九年、アメリカの天文学者ハッブルが、遠い星ほどその距離に比例して急速に遠ざかっていくという事実を発見した。一〇〇万光年の距離にある星は、毎秒一五キロの速さで遠ざかっていくという。一光年とは、光が一年間に走る距離九兆四六〇〇億キロ（9.46×10^{15} メートル）であるから、この割でいくと、二〇〇億光年の距離にある星は、秒速三〇万キロで遠ざかることになる。

毎秒三〇万キロといえば、光の速さである。

「光の速さを尺度として空間を測る」という、いいかえれば光より速いものはないとするアインシュタインの物理学の基本法則からみれば、二〇〇億光年にある星が私たちの空間の限界で、それより先を考えることはできないということなのである。二〇〇億光年より遠い星は、光より速いスピードで遠ざからなければならなくなり、光より速いものがこの世界にあるということになって、物理学の法則と矛盾してしまうからである。

一九六五年、ベンジャス、ウィルソンという二人の天文学者が、絶対温度三度の放つ電波と同じ電波が宇宙のあらゆる方向から来ていることを証明した。絶対温度というのは、物理学で考えられる最低の温度でマイナス二七三・一五℃であるが、これは何を意味しているのだろう。それは、二〇〇億年前にビッグバンがあったとすれば、そのとき以来、宇宙は膨張しつづけて、しだいに冷却し、現在ちょうど絶対温度三度になるはずだという仮説を証明した、ということにほかならない。

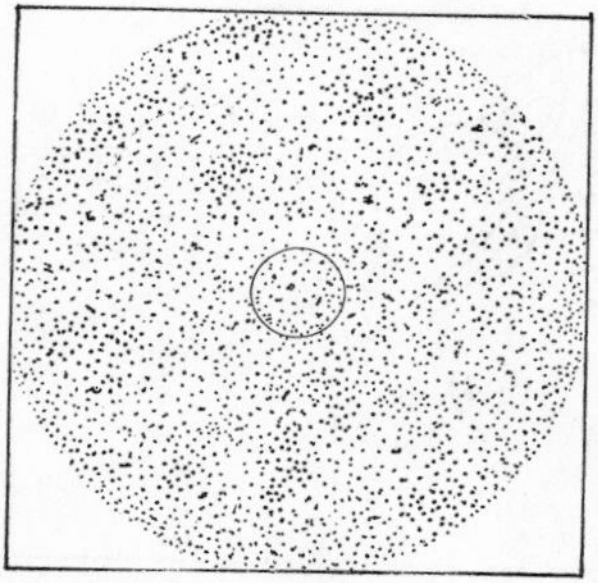

小円は直径20億光年、大円は400億光年

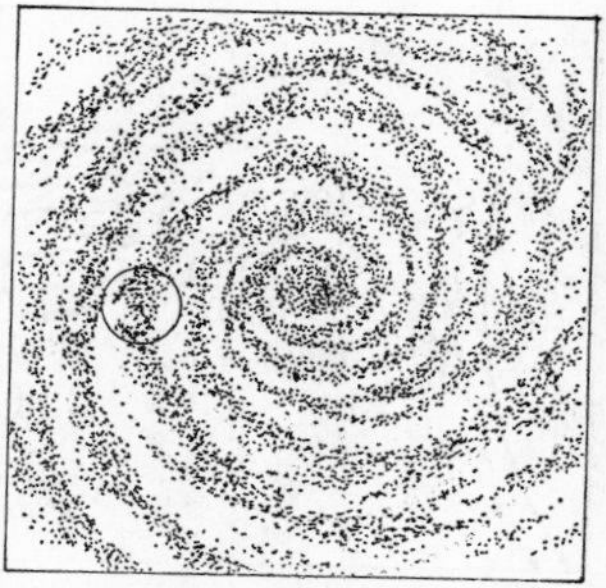

小円の直径は2000万光年、円内の一点が太陽系

こうして二〇〇億年前に最初の時間が始まり、二〇〇億光年という実在の空間があったことになり、はじめてそのなかで空間と時間を考えることが許されるのである。

宇宙は目下のところ膨張している。宇宙の臨界密度、すなわち膨張と収縮の境の密度は、5×10^{-30}g/cm^3、いいかえると一立方センチの空間に水素原子が三個ぐらいの稀薄な空間で、宇宙の密度がこれより小さいと宇宙は膨張し、大きいと収縮することがわかっている。ちなみに地球上の空気には一立方センチあたり一〇〇〇兆の三万倍という3×10^{19}個もある。現在の宇宙の密度は、10^{-30}g/cm^3であるから、目下のところ膨張をつづけているといえるが、今後、膨張をつづけるか収縮に転じるかなどのことはわかっていない。

とにかく、空間も時間もただ無限にあって流れているのだとかんたんに考えるのは、自然の法則に反しているといえよう。考えることは勝手だとして

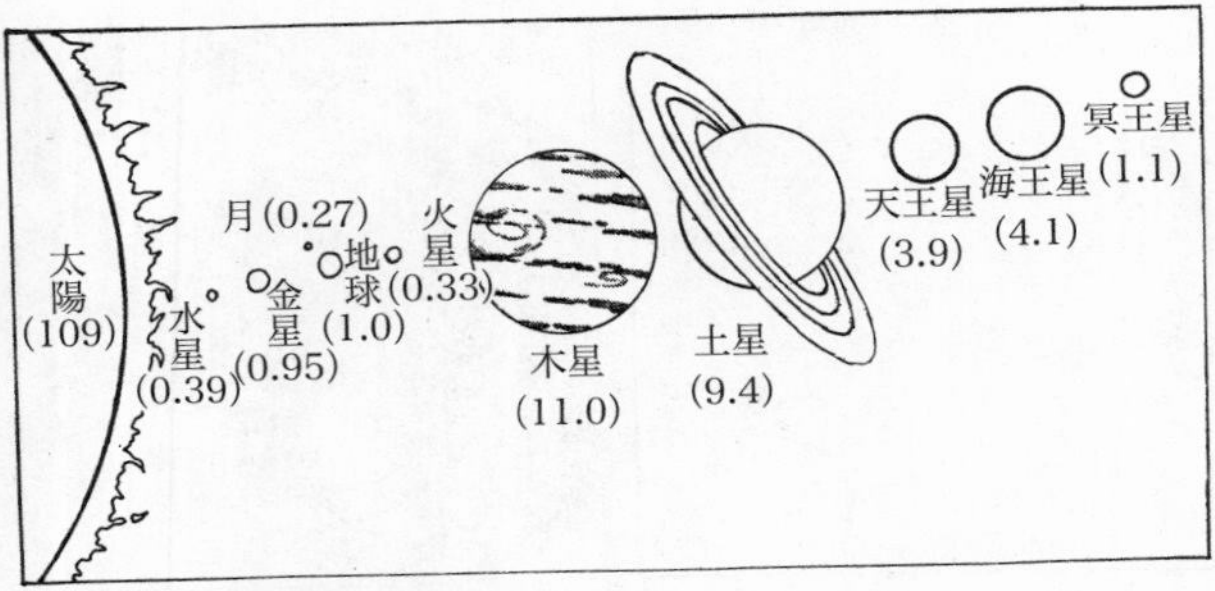

太陽系の惑星の大きさを比較する

も、考える前にどんなものなのか確かめて、その存在を明らかにした上で考えるということが大切なのである。とすれば、光を尺度として空間や時間を考えている宇宙は、空間的にも時間的にも有限であるということがいえるのである。

ここでちょっと宇宙全体のモデルを考えてみよう。かりに宇宙の大きさを一光年とすると、どうなるか。太陽は直径一四センチ、メロン大のボールとなり、一五メートル離れたところに、直径一・三ミリというビーズ玉ほどの地球があり、地球から三・八センチ離れたところに直径〇・三五ミリの月があることになる。太陽系は太陽を中心にして直径一二〇〇メートルあり、いちばん遠い惑星だった冥王星が太陽から五九〇メートル離れている（一九七九年一月から一九九九年三月までは海王星がもっとも遠い星になる）。一ミクロンというのは一ミリの一〇〇〇分の一の長さで、人間の大きさはというと、二万分の三ミクロンという電子顕微鏡でも見えない存在となってしまう。さて、地

太陽系の惑星の動き

球にもっとも近い星はケンタウルス座のα星で、一・三ミリの地球から四〇〇〇キロ離れたところにある。このモデルで宇宙の大きさがわかるだろう。一般に星がどれほど遠いところにあるか、空間がどんな様相にできているかなどと、空間を考えるときには、いま述べたなかで広がりや数量を考えるのであって、その外に出て考えてはいけないのである。

これまで、私たちの住む空間を数量によって考えてみたが、私たちの生きてきた時間を区切るにしても、数の考えかたから切り離すわけにはいかない。

では、人類は数をどのようにとらえてきたのか。暦に入る前に、もうしばらく数の世界を眺めてみることにしよう。

「バラモンの塔」が告げる世界の終末

その昔、ガンジス川のほとりに、「バラモンの塔」という塔があって、一枚の板の上に三本の棒が立っていたという。そしてそのうちの一本には、下から大きい順に六十四枚の大きさのちがう黄金の穴あきメダルがさしてあった。

さて、バラモンの塔には一つの伝説があって、この黄金のメダルを一枚ずつ別の棒にさしかえて、全部のメダルが別の一本の棒にすっかり置きかえられたとき、この世界が終末を告げるというのである。

ただしこれを試みるものは、つぎの掟《おきて》を守らなければならない。

(一) 一本の棒から抜いたメダルは、別の二本の棒のいずれかにさしておかなければならない。

(二) 大きなメダルを、小さいメダルの上に重ねてはならない。

それでは、バラモン教のいう世界の終末は、いったいいつなのであろう。

かりに三本の棒をⅠ、Ⅱ、Ⅲ棒としよう。メダルが六十四枚でなく一枚だけだったら、メダルをⅡかⅢへ一回移せばよいから、一回ですむ。

メダルがAB二枚になると、まず小メダルAをⅡ（またはⅢ）に移し、メダルBをⅢ（またはⅡ）に移し、つぎにⅡのAをⅢのBに載せて計三回。

メダルがABCの三枚になると、まずⅡ（またはⅢ）へAを、Ⅲ（またはⅡ）へBを移し、つぎにⅡのAをⅢのBの上に載せてCをⅡへ、さらにⅢのAをⅠへもどして、ⅢのBをⅡのCの上に、最後にⅡのBCの上にⅠのAを載せて、計七回。

メダルの数がますにつれて、回数も一、三、七、十五、三十一、六十三、百二十七回とふえていく。これは一、二、四、八、十六、三十二、六十四、百二十八という数列に似ているだろう。この問題はn枚のメダルというように一般化して、数学でかんたんに解くことができるが、数学の苦手な方のために、途中の計算をとばして結果だけお見せしよう。証明のしかたは五六ページにある。

結果は（2^n-1）回である。

バラモンの塔は$n=64$の場合であるから、2の64乗マイナス1、すなわち、

$$(2^{64}-1)=18,446,744,073,709,551,615$$

となる。これは一秒間に一回ずつメダルを移せたとして、およそ六〇〇〇億年かかるわけで、世界の終末は天文学の最初の推定よりはるかに遠い先のことになる。

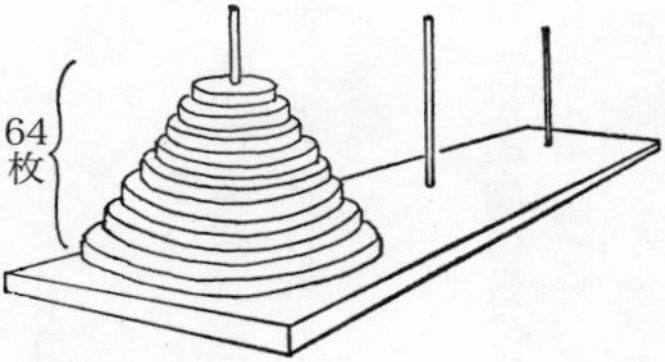

バラモンの塔

同じような話で有名なのは、曾呂利《そろり》新左衛門《しんざえもん》のエピソードである。

秀吉からなんなりと欲しいものをとらすといわれた新左衛門が、側にあった将棋盤を指して、

「米粒をいただきたい。ただし今日は一粒、あすは二粒、明後日は四粒……と、この将棋盤の目数八十一日間だけでよろしい」

と答えたのを、秀吉が多寡《たか》をくって、「いともやすきこと」と応じたというが、これを数学で求めると、1を初項として、項数が81、公比が2の等比級数の和を求めればよい。すなわち、

$$1+2+2^2+2^3+\cdots\cdots+2^{80}$$
$$=\frac{2^{81}-1}{2-1}=2^{81}-1=2,417,851,439,229,258,349,412,351$$

茶碗に一杯三〇〇〇粒として何杯分になるか、計算してみていただきたい。人口が変わらないとして日本人全部の一億年は十分まかなえるはずである。秀吉の驚きようが目に見えるようだ。

古代中国の数の表現

古代中国では、黄帝《こうてい》が数を十等つくったといわれ、億、兆、京、垓《がい》、秭《し》、穣《じょう》、溝、澗《かん》、正《せい》、載《さい》という十の数詞があった。このうち「載」がいちばん大きい数で、そこで数は終わりであるという意味をこめて、「載」のつぎに「極」という字を加えて数詞にした。「極」とは「極める」とか「果て」のことで、数の終わりを意味していたのである。

ところで、日本の数詞は、仏教から伝わった数えかたにインドのサンスクリット数詞が加わって豊富になり、十七世紀にはじめて数学者吉田光由《よしだみつよし》によって、『塵劫記《じんこうき》』（寛永四）のなかで、つぎのような数詞として書きしるされることになる。

十　百　千　万　億　兆　京　垓　秭　穣　溝　澗　正　載　極　恒河沙《ごうがしゃ》　阿僧祇《あそうぎ》　那《な》
由他《ゆた》　不可思議　無量大数

「恒河沙」というのは恒河の沙、つまりガンジス川の砂という意味で、砂は数の多いたとえとして昔から使われている。アルキメデスが、皇帝から「お前は学者だから、砂の数も数えられるであろう」といわれたという故事もあるくらいである。

「阿僧祇」とは、サンスクリットの数詞「アサンキヤ」を漢語訳したもので、「那由他」も同じく「ナユタ」の漢訳語である。「不可思議」というのもサンスクリット語の「アチンティア」から来たもので、「思い量ることができないほど多い」という意味である。

「無量」と「大数」は昔は別々の数詞であったが、現在では一つの数詞となっている。

10^{8}	億
10^{12}	兆
10^{16}	京
10^{20}	垓
10^{24}	秭
10^{28}	穣
10^{32}	溝
10^{36}	澗
10^{40}	正
10^{44}	載
10^{48}	極
10^{52}	恒河沙
10^{56}	阿僧祇
10^{60}	那由他
10^{64}	不可思議
10^{68}	無量大数

ところで、「千載一遇《せんざいいちぐう》のチャンスを逃した」などという言葉がよく使われる。日本的な数えかたからすると、「千載」がもっとも大きい数だということで生まれた言葉であるが、文字通りに解釈して計算すると、10の四十七乗分の一の確率、つまり一〇〇〇兆の一〇〇〇兆倍を一〇〇〇兆倍してさらに一〇〇倍した回数のうちの一回という確率になる。

仏教説話のなかにも、目の見えない亀が百年に一度浮上して、大海に浮かぶ一本の丸太の穴に偶然首を突っこむほどの、めったにない機会であるとしるされている。

ところで「十万億土」といえば、現世と阿弥陀如来のおわす極楽浄土との間にある仏土のことである。極楽浄土そのものを指す場合もあるが、この「万億」という数えかたは、もちろん現在は使われていない。ただ、これは古代の中国に実際あった数えかたが残ったもので、中国では数の桁を進めるのに、「小乗法」「中乗法」という数えかたがあった。

小乗法というのは、一桁ずつ数詞をかえるやりかたで、一万のつぎが十万ではなく億になる。これだとすぐ数詞が尽きてしまうが、古代からずっと使われていたものである。

これにたいして中乗法というのは、八桁ずつ数を区切るもので、最初の千億までは現在と変わりないが、それ以上になると、

千億　万億　十万億　百万億　千万億　一兆　十兆　百兆　千兆　万兆　十万兆　百万兆　千万兆　一京　……　千万京

と数えたので、この古代中国の数えかたが「十万億土」として現代に生き残っているわけである。ただし「億万長者」というのは、単に億と万を重ねて、多い意味をあらわしただけのことにすぎない。

たいへん「億劫」なエピソード

さて、囲碁に「劫《こう》」というのがある。一目を双方が交互に取り返せる局面のとき、その一目を取れば断然、碁勢が有利になる場合でも、相手がその一目をとった直後は取り返すことができず、いっぺん別のところへ石を打ってからでなければ取り返せない。このルールを「劫」という。

このルールがないと、だいじな局面で将棋の千日手のように戦線が膠着《こうちゃく》してしまう。つまり無限にゲームが続いて終わらなくなるわけであるが、実はこの「劫」とは、サンスクリッ

ト語のkalpa、音訳した「劫波《カルパ》」から来ていて、「無数に多い」という意味がある。これについてやはり仏典に、つぎのようなたとえがあるのでご紹介しよう。

古代インドの距離をはかる単位に「由旬《ゆじゅん》」がある。牛車で一日の行程（約一四・四キロ）をいうのだが、一辺の長さが一由旬の立方体をした城砦に芥子《けし》粒を満たして、百年に一粒ずつ取りだしたところ、全部取りつくしても劫が終わらなかった、というのである。

よく疲れ果てたときなど、面倒くさくて気が進まないことを「億劫《おっくう》」というが、億劫とは、「一億回の劫」のことだから、これは確かに面倒にちがいない。

劫については、また一辺が一由旬の巨大な石を百年に一度、白氈《びゃくせん》あるいは天女の衣で払い、石が磨りへってなくなっても劫は終わらないともいわれている。古代人が無限を考える場合、自然数的でしかも加法的なのはなんとも興味ぶかい。

さて、この「劫」は落語にも出てくる。『寿限無《じゅげむ》』というのがそれで、ちょっと煩雑になるが、せっかくだからご紹介しておこう。

「寿限無寿限無、五劫のすりきれ、海砂利水魚の水行末、雲来末、風来末、食う寝るところに住むところ、やぶら柑子《こうじ》のぶら柑子、パイポパイポ、パイポのシューリンガン、シューリンガンのグーリンダイ、グーリンダイのポンポコピーのポンポコナーの長久命の長助」

という名前が出てくるといえば思いだされるだろう。これは健やかに育って長命であるようにと、横丁のご隠居につけてもらった名前であるが、このご隠居にはちょっと学があった。「五劫」とは四劫の一つ上で、それがすりきれた後までということである。四劫というのは、仏教で、人類が生まれた時代（成劫《じょうこう》）、人類が生きる時代（住劫《じゅうこう》）、世界が破滅する時代（壊劫《えこう》）、すべてが破滅する空虚の時代（空劫）をさしている。これは世界の盛衰を説いたもので、なにやら予言めくようで恐ろしいが、現代の天文学によると、三〇億年後に太陽は巨星化し、地球はその高熱で燃えつきるだろうという。もっともそのころには人類の宇宙移民が始まっているかもしれないが……。

話はそれるが、海の砂利や魚も多いもののたとえで、海水や風雲も永劫のかなたに流れつづける代表である。一方、藪柑子の実は雪にも負けず青々と育つ。さらに、グーリンダイとシューリンガンというのは、古代インドの北方にあったという仮想国パイポの国王と王妃の名前で、長寿で知られ、しかもその子ポンポコピーとポンポコナーも聖人として長命を保ったという。というわけで、『寿限無』という落語は長くつづくもののオンパレードだが、そのなかでも「五劫」はそのチャンピオンといってよいであろう。

さて、仏教説話というのも、ご存じのように、もともとはインドから起こったものであるが、宇宙をめぐるインドの神話には、ほかにもこんな話がある。

その昔、破壊神シヴァは火のような姿をして光を四方に放ち、その光輝は無限のかなたへ伸びていたという。このシヴァ神の光をどこまでも追っていくと、いったいどうなるのか。創造神ブラフマンと維持神ヴィシュヌが確かめようとしたが、まさに落語を地でいくようで（その逆かもしれないが）、進めども進めども光はつづいていた。

ヴィシュヌは途中であきらめて戻ってきて、こういった。「光は無限にひろがっている」

と。一方、ブラフマンも中途で引き返してこう報告した。「光のひろがりは有限だ。光の届くところまで行ってきた」と。

二神の主張が食いちがうので、牛が裁判長として裁定を下すことになった。牛は、ブラフマンの「光は有限だ」という嘘を見抜いたが、なんといってもブラフマンは天地の創造神である。その威光を恐れて、牛がブラフマンに与《くみ》する判決を下したところ、その虚偽の審判を証明するかのように、牛の尾が大きく揺れたという。蛇足ながら、インドでは現在でも牛が聖牛として崇められており、とくにヴィシュヌが祝福し聖別したとされる尾は、死者を天国へ導く役目をもっとももっとも神聖視されているという。古代インド人たちは、中世ヨーロッパよりもはるかに近代的な宇宙観をもっていたといわれているが、ここにもその一端がうかがえるのではないかと思う。

〝金輪際〟から〝有頂天〟まで

仏教では、宇宙を金輪際《こんりんざい》から有頂天《うちょうてん》までと説いている。

では、〝金輪際〟とはどういう意味なのか。今日、私たちは「金輪際いいません」あるいは「金輪際いたしません」などと、否定を強調する「絶対に」「決して」などの意味に使っている。

ところが、仏教でいう金輪際とは、金輪と水輪の境目のことである。いわば人間は金輪の上に住んでいるとされ、その金輪の際《はて》が地下の際であるというところから、〝極限〟という意味をもつようになっているのである。

この仏教の宇宙観はたいへん面白いので、もう少し詳しく説明してみよう。

その宇宙には、虚空のなかに風輪という円筒形のものが浮かんでいると考えられている。風輪の大きさは高さが一六〇万由旬（前にも説明したように一由旬は約一四・四キロ）で、周囲は〝阿僧祇《あそうぎ》〟つまり無限であるという。

この風輪の上に直径一二〇万三四五〇由旬、高さ三二万由旬の円筒形の層があり、これが金輪である。すなわち直径約一七〇〇万キロである。

さて、私たち人類はそれのどのあたりにいるのかというと、金輪のまんなかに須弥山《しゅみせん》という山があり、それをとりまいて七つの海と八つの山、さらにその外側に幅が三二万二〇〇〇由旬、深さが四万由旬の大海があって、その中央に「センブ州」（贍部州）という大陸がある。この大陸が私たちのいる世界だというのである。

すなわち、人間は金輪の上に住んでいるということになり、そのいちばん下が金輪際なのである。

それでは〝有頂天〟とは何だろうか。私たちはよく、自分なり誰かなりが物事に熱中して他のことをかえりみず、天にも昇るような気持ちのときや、得意の絶頂にあるようなときにこの言葉を使うが、仏教では、最高の天を「有頂天」という。

天とは「神」を意味し、また同時に神の住む高いところのことである。この天には、欲界、色界、無色界という三つの世界があって、これを「三界《さんがい》」という。

天の欲界は、六欲天《りくよくてん》といい、地上四万由旬のところに四天王天、さらにその四万由旬上に三十三天（忉利天《とうりてん》）、さらに八万由旬上に夜摩天《やまてん》、その一六万由旬上に兜率天《とそつてん》、その三二万由旬上に楽変化天《らくへんげてん》、その六四万由旬上に他化自在天《たけじざいてん》がある。これら六つの天は生死流転の迷いの世界で、とくに淫欲、食欲をもつものの住むところとされている。

天の色界は、禅（ディアーナ）をおこない、欲望を超越して形だけが存在して光明を食べるものの住むところで、これが十七天ある。

梵衆天《ぼんしゅてん》は他化自在天から一二八万由旬上に、梵輔天《ぼんほてん》はさらにその上方二五六万由旬のところに、大梵天《だいぼんてん》は五一二万由旬、少光天《しょうこうてん》は一〇二四万由旬、無量光天《むりょうこうてん》は二〇四八万由旬、極光《ごくこう》浄天《じょうてん》は四〇九六万由旬、少浄天《しょうじょうてん》は八一九二万由旬、無量浄天《むりょうじょうてん》は一億六三八四万由旬、遍浄《へんじょう》天《てん》は三億二七六八万由旬、無雲天は六億五五三六万由旬、福生天《ふくしょうてん》は一三億一〇七二万由旬、広果天《こうがてん》は二六億二一四四万由旬、無煩天《むぼんてん》は五二億四二八八万由旬、無熱天は一〇四億八五七六万由旬、善現天は二〇九億七一五二万由旬、善見天は四一九億四三〇四万由旬、色究竟天《しきくきょうてん》

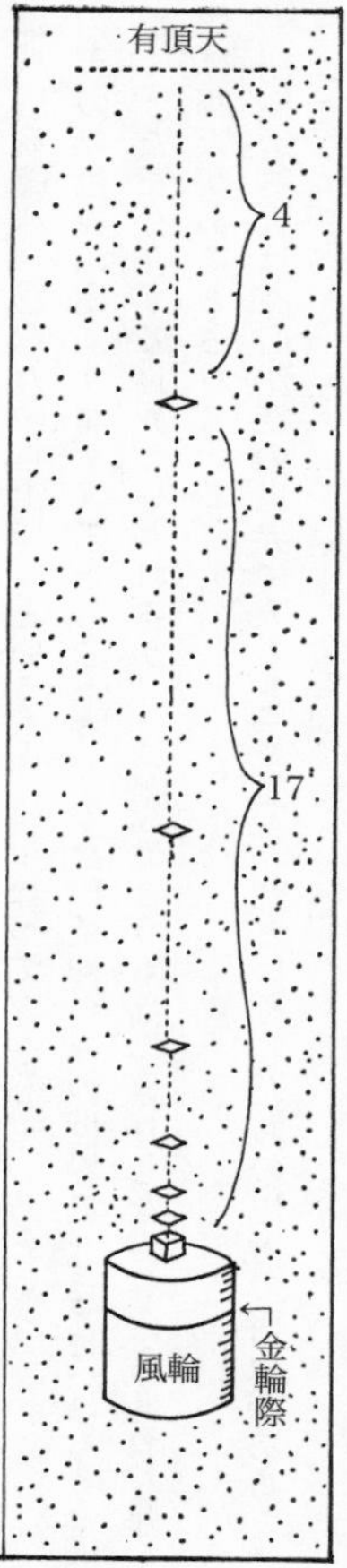

金輪際と有頂天

は八三八億八六〇八万由旬上に、というように重なって存在しているという。

天の無色界は定（サマディ）をおこなう形のない精神のみの世界で、そこにはもう空間もなく、ただ存在する世界といわれるが、この点はどうもはっきりしない。ともあれ、無色界には四天があるとされている。

空無辺処天《くうむへんしょてん》は、心が空の世界に入るところで、空という私たちの思考の対象があるところだといわれている。

識無辺処天《しきむへんしょてん》は、心だけが存在する世界で、いっさいの思考の対象がないところである。しかし、「いっさいの思考対象がない」という思考対象がある。

無所有処天《むしょうしょてん》は、「……」という思考さえもたない、何も所有しない世界である。しかし「何も所有しない」という思考をもっている。

非想非非想天《ひそうひひそうてん》は、「思わない」そして「思わないということをも思わない」という絶対の瞑想の境地をいう。これが最高の天で、この非想非非想天が有頂天なのである。

金輪際から有頂天までを現代流にちょっと計算してみよう。

金輪際から地上まで三二万由旬ある。地上最初の天が四万由旬の四天王天で、色界の最上天まで二十三天が、最初の項が四万由旬、公比が2の等比数列の形で上へ上へと重なっているから、

$$40000+\frac{40000(2^{22}-1)}{2-1}=167,772,160,000$$

すなわち地上から色界の色究竟天《しきくきょうてん》まで一六七七億七二一六万由旬あることになる。

さらに、有頂天までその割で計算すると、金輪際から有頂天までは、

$$320000+40000+\frac{40000(2^{26}-1)}{2-1}=2,684,354,880,000$$

つまり、二兆六八四三億五四四八八万由旬あることになり、これが仏教における宇宙の大きさであるともいえる。一由旬一四・四キロとして、一光年九兆四六〇〇億キロとすると、四・〇八光年の大きさとなる。有頂天は地球にもっとも近い星ケンタウルス座のプロクシマであろうか。

大きい数について

ついでに、もう少し大きい数の話をつづけよう。

アメリカの数学者カスナーは、10の一〇〇乗（10^{100}）を「グーゴル」googolとし、10のグーゴル乗（$10^{10^{100}}$）を「グーゴルプレックス」googolplexとして新しい数をつくった。

1グーゴルプレックスがどんな数か調べてみよう。ごく普通の単行本は一ページに約一〇〇〇字の活字が入っているので、かりに二〇〇ページあるとすると、一冊で約二〇万字（2×10^5）を読むにすぎない。一方、大きさを考えてみると、縦一九センチ、横一三センチだから面積は二四七平方センチ、地球の表面積を五〇〇兆平方メートル（$5\times10^{14}m^2$）とすると、例えば本書（注・原本の選書判）で地表を埋め尽くすには二京冊（2×10^{16}）必要にな

るが、それでも10の一六乗の二倍にすぎないのである。

あるいはこの地表を埋めた二〇〇ページの書物の冒頭の活字を1として、そのつぎから巻末の最後の活字までを0に置きかえた数を考えてみると、その0の個数は四〇〇〇億の一〇〇億倍という数字になるが、それでもたかだか10の二二乗の四倍（四十垓）乗なのである。

最後に、そのゼロだけの本を地球から月まで積みあげてみよう。厚さ一センチとして、平均距離は三八万三三〇〇キロ（3.833×10^{8}m）であるから、月まで積みあげるには三八三億三〇〇〇万冊（3.833×10^{10}）となり、そこに書かれた0の個数は七六六六兆になる。したがって数値としては10の七六六六兆乗（$10^{7666兆}$）という数になる。

グーゴルプレックスは、1のあとに0が、10の一〇〇乗個つづく数（$10^{1000兆 \times 1000兆 \times 1000兆 \times 1000兆 \times 1000兆 \times 100億}$）であるから、単行本を地球の表面にびっしり並べても、月まで積みあげても、この数を書き尽くせないということになる。いや、地球上びっしり並べ、その全部の上に月の高さまで積みあげても、そのゼロだけの本に書かれた数値は10の一京乗のそのまた一京五三三二兆乗（$10^{1.5332 \times 10^{32}}$）という数にすぎず、グーゴルプレックスにはとうてい届かない。

これでグーゴルプレックスの桁外れの大きさがおわかりいただけると思う。

さらに、ドイツの数学者スタインハウスとモーゼは、「メガ角数」という数を考えた。

これは$\triangle a = a^{a}$と定義する。例えば、

△2 $=2^2=4$, △3 $=3^3=27$

つぎに$\boxed{b}$＝「bのまわりにb重に△を書いた数」と定義する。例えば、2のまわりに二重に△を書いた数が$\boxed{2}$で、

$\boxed{2}$＝△(△2)＝△4 $=4^4=256$

さらに⬠cを「cのまわりにc重に□を書いた数」と定義する。すると、

⬠2＝$\boxed{\boxed{2}}$＝$\boxed{4^4}$＝$\boxed{256}$

となり、これは256のまわりに256重に△を書いた数となる。それは256の256乗という数字のまわりに△が255個ある数であり、それはまた256を256乗した数の（256の256乗）乗、すなわち、

$(256^{256})^{256^{256}}$

のまわりに△が254重にある数であり、結局、親亀の上に子亀、子亀の上に孫亀……と続けて二百五十六代の亀が二五六四、亀形に肩に乗っているという物凄い数ができあがる。それが⬠2という数なのである。この⬠2を「メガ」Megaといっている。

そして、三角形△、正方形□、五角形⬠、……と進んで、辺の数がメガ個あるメガ角形を考え、メガ角形を⊠であらわすとき、⊠2という数を「モーゼ」Moseと定義した。

なにがなんだかわからなくなり、億劫になってきたから、このへんで切りあげよう。お好きな方はどうぞ研究してみていただきたい。

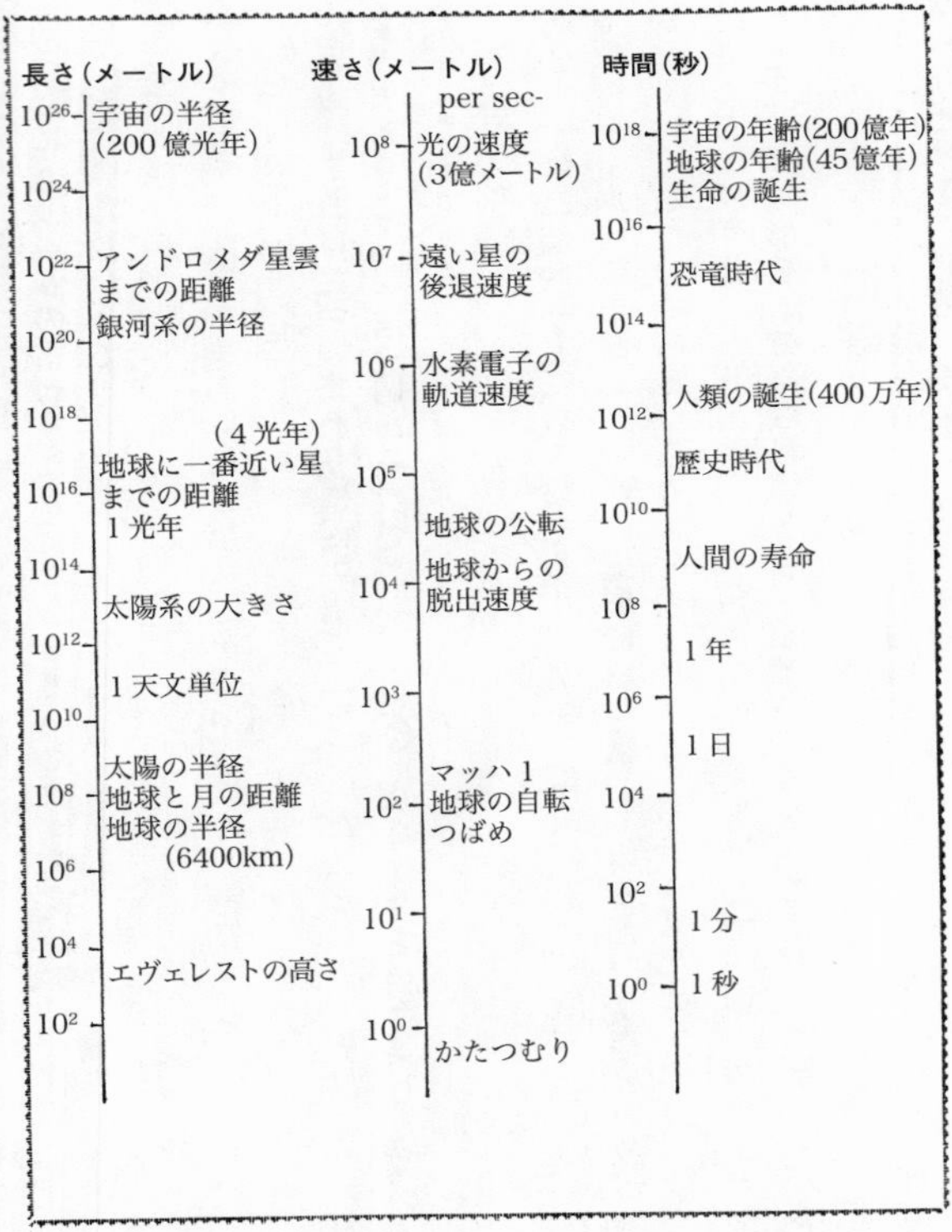
長さ（メートル）
10^{26} 宇宙の半径
(200億光年)
10^{24}
10^{22} アンドロメダ星雲
までの距離
銀河系の半径
10^{20}
10^{18}
(4光年)
地球に一番近い星
10^{16} までの距離
1光年
10^{14}
太陽系の大きさ
10^{12}
1天文単位
10^{10}
太陽の半径
10^{8} 地球と月の距離
地球の半径
(6400km)
10^{6}
10^{4}
エヴェレストの高さ
10^{2}
速さ（メートル）
per sec-
10^{8} 光の速度
(3億メートル)
10^{7} 遠い星の
後退速度
10^{6} 水素電子の
軌道速度
10^{5}
地球の公転
地球からの
10^{4} 脱出速度
10^{3}
マッハ1
10^{2} 地球の自転
つばめ
10^{1}
10^{0}
かたつむり
時間（秒）
10^{18} 宇宙の年齢(200億年)
地球の年齢(45億年)
生命の誕生
10^{16}
恐竜時代
10^{14}
人類の誕生(400万年)
10^{12}
歴史時代
10^{10}
人間の寿命
10^{8}
1年
10^{6}
1日
10^{4}
10^{2}
1分
10^{0} 1秒

世界の大きさをくらべる（その1）

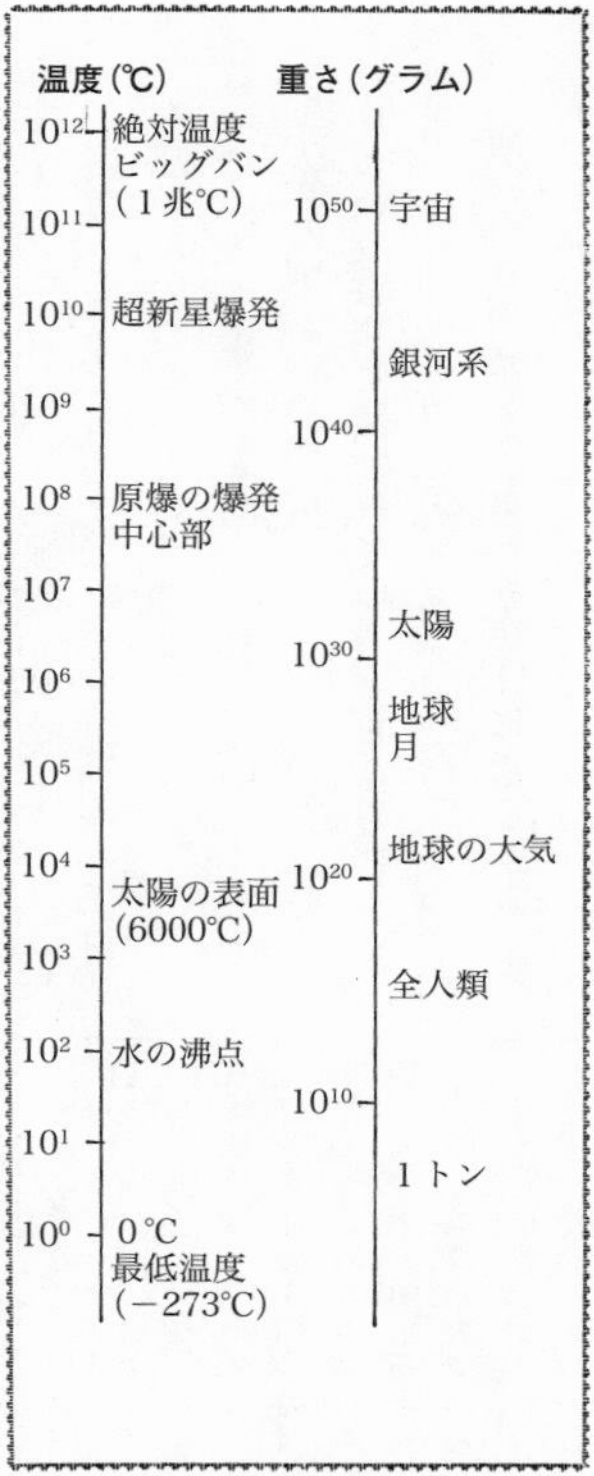

世界の大きさをくらべる（その2）

多数をあらわす数の話

宇宙的な数字が羅列されすぎたきらいがあるので、このあたりで、もう少し生活に密着した数の話に話題をかえることにしよう。

われわれの周辺には、数が数値だけを示すのではなく、「多数」の意味に用いられる例がたくさんある。

例えば、「千」という数字もその一つである。まず思い浮かぶのは「千里眼」であるが、これはもともとは媽祖《まそ》という中国の神の侍者の名で、媽祖にはこのほか「順風耳」という風音も聞きわけるもう一人の従者がいたという。「せんぶり」というのは、たいへん苦い薬草で、千回振りだしてもなお苦味が残るので「千振」という名があり、「千日草」は、夏から霜が降りるまで永持ちするので、別名「千日紅」ともいわれている。江戸末期に浅草の飴売り七兵衛が名づけたといわれる七五三の「千歳飴」も長命祈願をこめたもので、三度繰り返すと無勝負になる将棋の「千日手」も無限につづく手ということである。

このほか「千慮の一失」「千客万来」「千変万化」「千差万別」のように、千は「おびただしく多い」という意味に使われている。ちなみに「十人並み」はまあまあだが、「千人並み」というと、「極めつきの醜女」という意味になるから、面白い。

つぎに「万」のつく言葉では、まず「万歳《ばんざい》」は

†ひとつ・ふたつ・みっつ

日本語の数詞は四つの子音p、m、y、tからなるという白鳥庫吉説を紹介しよう。「ひとつ」hitotsu の「つ」は接尾語で、語幹の「ひと」は平安期のpitoから室町期にはfito、江戸期にhitoとなった。「ふたつ」も「ひとつ」と同じ構成で、語幹の「ふた」はputa, futa, hutaのように、「ひと」から母音だけ変化したものだという。「ひとつ」は親指で一を、「ふたつ」は親指と人差指の二本で対立をあらわし、同じp音の言葉から生まれた。

「みっつ」は接尾語の「つ」が「みつ」mitsuについたもので、親指、人差指、中指で三をあらわすm音の言葉とされる。「むっつ」は「みっつ」に対応し、両手の親指、人差指、中指を合わせた形で示し、両方とも同じm音の数である。「よっつ」は語幹が「よつ」yotsuで、小指だけ折った形でy音の数。「やっつ」は「よっつ」に対応し、両方の手

文字通りの言葉である。ヤブコウジ科の「万両」は赤い実が永持ちするのと、一万両にも価する美しさから命名されたという。当時は一千両でも大金であったから、センリョウ科の「千両」も「万両」も、ともにめでたい木として正月用の生花などに使われた。日本最古の歌集『万葉集』にも、多くの歌とか万世に伝わるべき歌といった意味のあることは周知の通りで、そのほか「万古不易」「万事休す」「万年筆」「万年床」「万力」などのように、万には「多い」「全ての」「限りない」といった意味がある。

「百」のつく言葉では、花期が長いのでその名がある「百日紅《ひゃくじつこう》」通称さるすべりのほか、「百方手を尽くす」「百芸に通じる」「酒は百薬の長」「読書百遍」「百科辞典」「百日咳」「百面相」など、百は数値そのものではなく、多いという意味で、「百も承知」「二百も合点」というのも同類項である。

で「よっつ」をあらわした形で示し、いずれも同じy音からなっている。

「いつつ」の語幹は「つ」tsuで、五本指をのばした形、「とお」tōの両手をひろげた形と対応し、ともにt音からなる。

「ななつ」の語幹「なな」nanaは「並《な》無《な》」、つまり左右の指が対称的に並ばない。「ここのつ」の「ここの」は「屈無《かがな》」で指を屈められないという意。

一と二はp、三と六はm、四と八はy、五と十はtの音からなり、それぞれが対照的で対立した形をとり、七は並べられず、九は屈められない（屈めると八）。

数詞の「百」「千」「万」についても、「百」momoはm音、「千」tiはt音、「万」yorozuはy音からなっているというわけで、日本の数詞はすべて、p、m、y、tという四子音からなるという。

地名を「八百八」に被せたものとして、「江戸八百八町」「京都の八百八寺」「難波の八百八橋」などがあるが、八百八品もの多くの品種を並べるところから野菜屋に転じたのが「八百屋」、同じ並べるのでも立てつづけのインチキになると「嘘八百」などとなる。

九についていえば、葛藤《つづらふじ》の蔓のようにカーヴの多い道路が「九十九折《つづらおり》」、もっとも高い天が「九天」、多数のなかのごく一部が「九牛の一毛」、さらに「九仞《きゅうじん》の功を一簣《いっき》にかく」（仞は八尺、簣はもっこ）「三拝九拝」「九死に一生」など。

八については、多くの宝のごとき材料を集めてつくった料理の意で「八宝菜」、周囲八丁の寄席を不入りにするほどの名人が「八丁荒らし」、種芋からたくさん親芋のできる「八つがしら」、八人分の働きをするのが「大八車」、囲碁・将棋の「岡目八目」「渡り八目」や「王の早逃げ八手の得」、さらに降りしきる雨「八重雨」、「八方美人」「八方破れ」「八方塞がり」「八重十文字」など。

七については、幾重にも曲がった道をいう「七曲がり」、七回かまどへ入れても燃え残るほど固いというバラ科の落葉樹「ななかまど」、さらに「色の白いは七難かくす」「男が敷居をまたげば七人の敵あり」「親の光は七光り」などがある。

余談になるが、和数字では、一、二、三、四、……九、十と書くけれども、漢字ではどう書くのか。小切手や領収書などに見かける数字も部分的には漢数字であるが、正式に漢数字で書くとなると、とまどう方々が圧倒的に多いのではないだろうか。壱、弐、参、肆、伍、陸、漆、捌、玖、拾となるが、見なれない漢字も多いので、ちょっと驚きを感じられるにちがいない。

プレリュードが長くなったが、それではつぎに暦の歴史を眺めてみよう。

第一章　月と惑星をめぐって

月と暦——カルデア神話の世界

いまから五千年の昔、チグリス・ユーフラテス川の流域に住んでいたのは、農耕民族のシュメール人とアッカド人であった。

春には、山岳地帯から雪融け水による大洪水が押し寄せ、夏にはすべてを焼き尽くす酷暑が襲いかかる。そうした大自然との闘いが彼らの生活のすべてだったといってよい。もちろん大自然に抵抗するといっても、あまりにも人間は無力であったため、彼らの眼に夏の猛暑は天上の神アヌーの威光と映り、大洪水は海神エアの怒りだと考えられた。

しかし夏の猛暑で一帯が生命のない乾燥した砂漠と化し、大洪水ですべてが押し流されてしまおうとも、怒り狂った黄色い濁流のあとには、ナツメヤシが緑の葉をいっぱいにひろげて生い茂る。

洪水によって肥沃な農地となった大地からは大した手もかけずに大量の小麦がとれた。草原には一面に牧草が生い茂り、それは羊や牛の群れる遊牧地となった。この地帯に住む人たちにとって、これは農耕と狩猟の神エヌルタや、豊穣神イシュタルの復活であったにちがいない。

こうした神々の死と再生のイメージは、古代人のなかに自然に育まれていったに相違ないが、農耕民族にとって、洪水のあるなしにかかわらず、農地と水を確保するのは彼らの生命である。

支配者は奴隷たちを酷使して堀をつくらせ、灌漑《かんがい》にそなえ、新たな貯水池や農地をめぐる攻防戦があちこちで繰り返されたが、これは今日、世界の油田地帯や漁場をめぐって紛争が絶えないのとまったく変わりはない。

アッカド人は軍隊を増強し、捕虜を奴隷にして労働力を充実し、ついにはシュメール人を征服して強大な国家アッカドを建設した。じつは、こうした農耕地帯の版図の塗りかえが、数の世界に新たな発想をもたらしたのである。

シュメール人が使っていた重さの単位は「ミナ」であり、アッカド人の重さは「シュケール」であった。それがアッカド人のシュメール征服によって入り混じったとき、彼らはおたがいに一つの物の重さが同時に二通りに量られ、しかも一つは他の六十倍であることを現実に知らされた。

つまり一ミナは約五四〇グラムあまり、一シュケールは約九グラムで、シュケールの約六十倍が一ミナに相当していたのである。一つの数「シュケール」が六十集まると、もう一つの数「ミナ」に変わることを知ったアッカド人とシュメール人の驚きは、私たちの想像以上のものがあったろう。現代に生き残っている「六十進法」のルーツは、まさしくここにあったのである。

さて、太陽神シャマシュがゆっくりと天を馳けて猛暑を吹きつけたあとに、月神シンが冷たい光で優しく涼しい微笑みを振りまきながら上ってくる。安らぎの母なる神として、暗闇の生活に灯りをともし、夜の平和を守る月神シンを、古代人が太陽神よりも待ち望んだとしてもさほど不自然ではない。

古代人が夜を基点にして一日というものを考えていたらしい痕跡は、さまざまな言葉のなかにも残っている。一週間を意味する英語の sennight や、二週間という意味の fortnight などもそれで、日本でもお七夜、八十八夜などがその一例といえよう。

しかしながら、月神シンがいつも同じような相貌を見せるとは限らない。あるときは円く、あるときは鎌のように細く、またあるときはぜんぜん姿を現わさないこともある。

そんなときには、古代人は月神に祈りながら、月が姿を現わすのを一心に待ちわびた。そして三日目に、蒼白い三日月はふたたび薄暮の空に細い姿を見せてくれた。当時、最初の月の出を山頂で待ちうけ、三日月の出現をラッパを吹き鳴らして知らせるのが祭司たちの重要な役割だったという。

「月が出たぞお！」

ラテン語に「呼び集める」calo という言葉がある。

ローマで一日《ついたち》を「カレンダエ」calendae といったのは「月を呼んだ日」であったともいわれる。月の出を叫ぶことが時間の区切りを示すことになったといえよう。すでにお気づきのように、この「カレンダエ」が英語の「暦《カレンダー》」の語源なのである。

余談になるが、英語で強い否定をあらわす表現に“on the Greek calends（決して……ない）”というのがある。古代ギリシャの暦には朔日《カレンズ》（ついたち）という言葉がなかったので、「ギリシャの朔日《ついたち》」といえばありえないという意味に使われたというわけである。

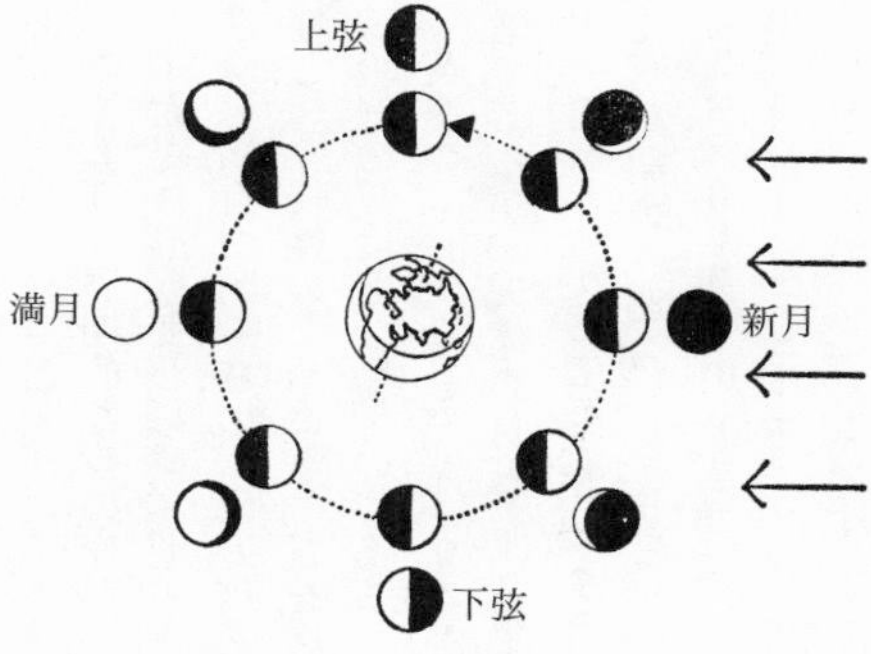

月齢図

月の満ち欠け

月は、細い三日月から夜ごとに大きくなり、右側が光り左側が欠けた姿が七日にして半月形となる。これが上弦の月である。さらに七日たつと、まんまるの満月となり、日没後東の地平線から昇ってきて、太陽が出はじめるころ、西の空に沈んでいく。

満月をすぎると、月の出は一日に五十分くらいずつ遅れていき、少しずつ右側が欠けはじめる。これが十六夜《いざよい》月、立待《たちまち》月、居待《いまち》月、臥待《ふしまち》月、宵待《よいまち》月で、満月から七日たったころには、右側の半分欠けた半月形の下弦の月となる。このころには、日の出ごろに月がまだ残っているので残月ともいわれる。

さらに月はやせ続けて、一週間もすぎるとついには姿を消し、ふたたび月のない真っ暗な夜を迎える。

このような周期的な月の変わりかたを、世界のすべての民族は時の尺度としてとらえてきた。太陽は形も変わらず、明るすぎてとらえにくかったのであろうか。なにしろ太陽の明るさは、満月の明るさの六〇万倍ある。これにたいして月は、夜出現し、その満ち欠けと周期性という特性のために、一日を区切り、一ヵ月を区切るただ一つの基準として「とき」を測る絶好の尺度となったのである。

英語の「月」moon や「一ヵ月」month はラテン語の「暦の月《メンシス》」mensis から生まれた言葉であるが、天体の月と暦の月とが同じ発想になっているのは、サンスクリット語の「マサ」masa という言葉に、moon と month 両方の意味があることからも肯《うなず》けるだろう。また、英語の「測る」measure はラテン語の「計量《メンスラ》」mensura や「測量の《メンスス》（通過した）」mensus から生まれた言葉であり、これらも「月経《メンセス》」menses も、すべて「測量する《メティオール》（通過、分配する）」metior から出ている。

したがって、これらはすべて「測る」というラテン語を母として生まれた言葉といえよう。月は測るものの基準であり、時を測る基準は暦の月にあるといえる。それはまた、英語の「時《タイム》」time と「潮汐《タイド》」tide が同じ語源から出ていると考えると、時を測るのに潮汐を用いたというのと同じ関係にあるといえよう。

さてシュメール人やアッカド人は、月の様相が変わるのを、月神シンがそのつど姿を変えて夜空を照らしてくれるためだと考えていたらしい。

月は二十九・五日を周期として形を変える。それゆえ彼らは、一ヵ月を二十九日または三十日と考え、新月を月の初めと定めた（真の朔望月は二十九・五三〇五八八二日である）。もちろん新月といっても、真っ暗な夜空が見えるだけで、目に映るわけではない。しかし古代人は、「見えない月がある」と考え、細い鎌のような三日月の姿を認めるや、その夜から見えない新月まで遡って、そこを暦の一日「カレンダエ」と定めたのである。

のちのローマ人たちが、一ヵ月の十三日または十五日を「イドゥス」idusと名づけた話は第六章で触れるが、「イドゥス」とはエトルリア系の言葉で「分ける」という意味があり、一ヵ月を二つに分ける日であった。さらにサンスクリット語では「明るくする」という意味もあり、月が新月から満月になって夜空を照らすという意味である。いずれにせよ満月は、暦の月を二分するまんなかと考えられたわけである。

天文学では、月が太陽の反対側で地球と一直線になるときを「望」、同じ側で一直線になるのを「朔」という。つまり新月が朔、満月が望ということになる。朔から望まで、望から朔までおよそ十五日、その中間にそれぞれ上弦と下弦の月がある。

目に見えぬ新月から、右半分の月を経て満月へ、さらに左半分の月へと、およそ七日ごとに変わる月神シンの神秘な姿を、古代人は時間の目盛りと感じたし、それと同時に神聖な感動を受けとめた。月の動きで「時」を測るうちに、「七」という聖数をとらえたともいえよう。

あるいは、月の満ち欠けを朔、上弦、望、下弦の四つに分けると、そのそれぞれの長さは一ヵ月の四分の一となるから、二十九・五日の四分の一は七・三七五で、およそ七日となり、ここにも月の変化の単位として「七日」という数が考えられることになる。いずれにせよ、大自然の月神があたえてくれた数は七であったということができる。

漢字で「朔日《ついたち》」と書くときの「朔」には、「第一日」「初め」「遡る」といった意味があり、「ついたち」というのは「月立《つきた》ち」の音便で、籠っていた月が出てくるということであるが、考えかたとしては、月の出から遡った新月を暦の第一日とするわけで、中国でも日本でも、シュメール人と同じ考えで新月をとらえていたことがわかる。

ついでに、「みそか」とは何かを考えてみよう。漢字で「晦日」と書くのはご存じの通りで、「晦」には「暗い」「夜」「つごもり」などの意味がある。月末、三十日《みそか》をつごもりというのは「月隠《つきごも》り」の省略形であり、真っ暗闇の月末ということになる。大晦日「大《おお》つごもり」は、樋口一葉の小説の題名にもあるが、「小《こ》つごもり」というと、大晦日の前日をいう。朔日《ついたち》、晦日などの言葉は旧暦（太陰太陽暦）が使われていた時代の名残で、明治六年以後、太陽暦が採用されるとともに、言葉だけが月の出入りとは無関係に使われるようになった。

現在の太陽暦では、太陽を基準にしているため、月々の第一日はもはや必ずしも「ついたち」ではなく、新月が何日に当たるのかもまったくわからなくなっている。

「みそか」にしても厳密には三十日《みそか》であったのが、現在では三十一日でも二十九日でも月末最後の日をいうのが一般的になったといえよう。

惑星と数字の「七」

シュメールを滅ぼしたアッカド帝国も、その後、新興勢力ともいうべきカルデア人に席巻され、チグリス・ユーフラテス川流域は、カルデア人を中心とするバビロニア文化が支配するようになる。

カルデア人は、シュメール、アッカドの宗教や風俗も吸収・消化したカルデア文化をつくる一方、五百年にもおよぶアッシリアとの戦争にも勝利をおさめ、紀元前六二五年には、古代文明国家新バビロニアをつくっている。

カルデア人は羊を追って草原をゆく遊牧民族であった。暑い焼けつくような太陽から解放される夜のひととき、彼らは星を仰ぎながら時刻を知り、宇宙の神秘を解く鍵を一つ一つ身につけていったにちがいない。

地上から見た星は、それぞれきちんと定められた軌道上を秩序正しく、しかもおたがいの隊形を変えることもなく、夜空に現われる。しかし日がたつにつれて、ある星は一晩中姿を見せているのに、別の星はいつのまにか消えてしまう。

そのことに気づいたカルデア人は、それを天空全体が星をいっぱいに湛《たた》えながら東から西へ動いていているからだと考えた。そして気候が変わるにつれて星の位置も変わり、寒い冬に見た星空が翌年の同じ時期の星空と同じであるところから、彼らは星の位置から季節の変化が読みとれることを知るようになった。しかも、季節ごとに秩序をもって変わる天空の動きのなかで、五つの星だけがこの整然たる星のパレードを乱していることを見つけるのはかんたんなことであった。

それらの五つの星は、まわりの星にくらべて輝きが強く、他の星のような瞬きもなく、星を追い越したり途中で引き返してきたりして、まわりの星の隊形とは無関係に動いていた。これらが惑う星「惑星《プラネット》」と名づけられたのは、まさにそのためである。五つの惑星とは、いうまでもなく現在の水星、金星、火星、木星、土星である。

しかもカルデア人は、五つの惑星には神が住んでいて、人間を支配すると考えた。のみならず自然現象のすべてを握っているため、この世に戦争や疫病がはびこり、旱魃《かんばつ》や飢饉、地震や洪水が起こるのだと思っていた。いや惑星とは、人間の運命をつかさどる神の住み家であるばかりでなく、惑星そのものが神だと考えられるようにもなったのである。

こうした、惑星が人間の未来にいたるまで、すべてをつかさどっているという信仰をもとに生まれたのが、「占星術」なのである。人間は生まれてから死ぬまで、さらには生きている一瞬一瞬までが、これら惑星の位置の組み合わせで決定されるというのである。

いや、人間が生まれた瞬間に、五つの惑星がどの星とどの星の間のどういう位置にいたかという一瞬の位置関係だけで、その人の一生が決定されるのだと極めつけるようにまでなった。この占星術を「誕生占星術《ゲネトリアロギア》」genethlialogiaという。こうしてカルデア人によって初めて生まれた占星術は、ギリシャに伝わり、ヨーロッパ中世には「ホロスコープ占星術」となって宗教色も加わり、大いに発展して現在でも私たちを楽しませたり、悩ませたりしている。現在、占星術師をカルデアンと呼ぶのは発明した彼らを称えてのことかもしれない。

さて、カルデア人が神の住居と考えた五惑星の一つ、水星は学問と運命の神ネボが君臨するところであり、また金星は愛と美の女神イシュタル、火星は戦争と死の神ネルガル、木星は創造の神マルドック、土星は狩猟と農業の神エヌルタが住んで人間を支配していると考えられた。

さらに、太陽と月は惑星ともまったく異なった動きをする。のみならず、その威力は一年中、一日も欠かすことなく見せられている。というわけで、太陽は正義と律法をつかさどる太陽神シャマシュ、月は時をつかさどる月神シンの住まいと考えられ、この二つの〝惑星〟が五惑星に加えられた。もちろん、現代の私たちから見れば、太陽は恒星であり、月は地球の衛星ということになるが、とにかく彼らはこれら七つの〝惑星〟を神聖犯すべからざる神の住まいであり、また神そのものとも考えた。そして、それらに生命、運命、未来を託して生きなければならないと信じたのである。カルデア人たちが、神のみならず「七」という数まで神聖視したとしても決して不思議はない。バビロニアで「聖数七」が生まれたのには、こうした七惑星信仰が背景にあったのである。

カルデア神話によると、天地の初め、天地の父アプスーと万物の母ティアマートが交わって、宇宙のすべてが生まれ、生命が芽生えて神々となったという。

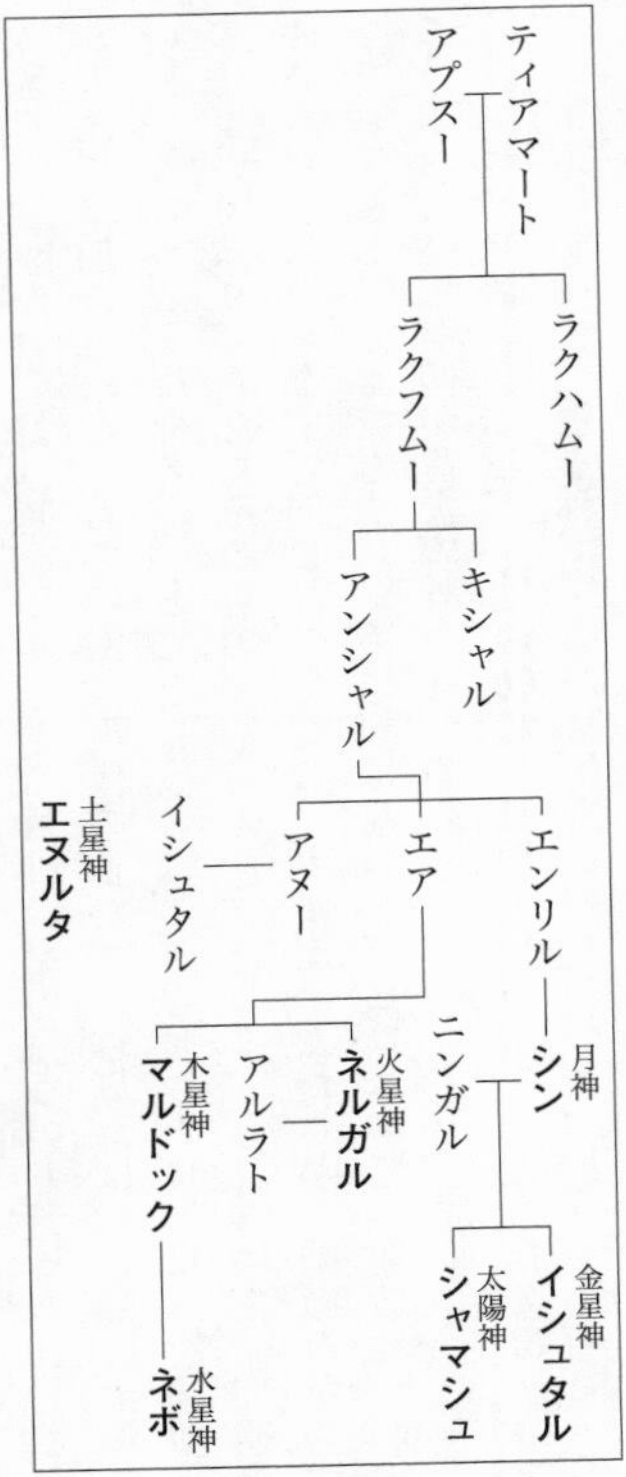

カルデア神話の系譜

しかし神々はそれぞれに新しい宇宙を造って勢力をもちはじめたため、それを抑えて統一しようとする万物の母ティアマートと、神々との間に戦いが始まり、結局、戦いは創造神マルドックとティアマートの戦いになった。

さて、カルデア人が木星に住むと考えたマルドックは創造の神であるが、それはこのティアマートとの一大戦闘に由来している。

マルドックは、四頭立ての馬車に乗ってティアマートの軍勢に突撃し、ティアマートの心臓を電光の槍で貫いて殺した。そしてその死体を真二つに切って、一方を高く掲げて天空を造り、他方を広げて大地にしたのである。さらに彼は、月神シンに命じて星を造らせ、歳月を決め、動物と植物を造らせた。いや、それだけではない。マルドックはさらに、智の神エアに命じてティアマートの軍師キングーを殺させ、その血と大地の塵を捏《こ》ねまぜて、人間を造らせたといわれている。

こうして新しい秩序の主神となったマルドックをはじめ、水星に住むとされる運命と学問の神ネボ、金星に住み最高の美女でイナンナとも呼ばれる愛と美と豊穣をつかさどる女神イシュタル、火星に宿る冥府の王で戦争と死の神ネルガル、狩猟と農耕の土星神エヌルタ、さらに年月日をつかさどり動植物を育む別名ナンナルともいう月神シン、正義を守る律法の神で医神でもある別名バッバルといわれる太陽神のシャマシュの七神が、カルデア人の上に君臨した。それだけに聖数「七」のイメージは強烈にカルデア人の脳裡に刻みつけられたといってよい。

こうしたカルデア人の惑星の考えかたは、そのままローマに受け継がれている。惑星をつかさどる神の名はローマ神で置きかえられたものの、惑星のもつ支配力はカルデアそのままに引き継がれ、現在でも一部ではその信仰が生き残っている。

すなわち、水星は幸運と旅の神メルクリウス、金星は愛と美の女神ウェヌス、火星は軍神マルス、木星は最高神ユーピテル、土星は農耕神サトゥルヌスというように、神の名だけがローマ神に変わったわけである。もちろんローマ神といっても、ギリシャ文化を模倣したのがローマ文化であるから、その神格はギリシャ神話から借りたものがほとんどである。

惑星の話を進めよう。

現在私たちは、地球を含めた九つの惑星が太陽を中心に廻っていることを知っている。また火星と木星の間には、二〇〇〇個ほどの小惑星があり、その周りを月のように衛星が廻っていることも、ハレー彗星のような彗星が時おり現われることも知られている。そしてこの太陽を中心とする星群集団が太陽系であることもわかっている。

しかし、古代人は五惑星とか七惑星しか知らないままに「占星術」や「陰陽五行説」を考えだしたのである。もし、現在わかっているような惑星群が古代人たちに知られていたとしたら、占星術や五行説はいったいどうなっていただろうか、考えるだけでも楽しいことである。

それはともかく、五つの惑星を発見したカルデア人たちの知識は、ギリシャの天文学者プトレマイオスの名著『アルマゲスト』に受け継がれ、過去三千年の理論を集大成した天文学および占星術の宝典として、その後、十五世紀までヨーロッパ世界に君臨することになる。ところが十六世紀になるや、ポーランドの天文学者コペルニクスが地動説を発表し（『天体軌道公転について』一五四三年）、宇宙の中心と考えられた地球は太陽の一惑星にすぎないとされた。これまでの天文学や神学を支える基盤が根底から揺すぶられる、まさに驚天動地の大発見であった。

さらに十七世紀に入ると、ケプラーが惑星の公転周期についての法則（太陽の周りを一回転する時間の2乗は惑星と太陽との平均距離の3乗に比例する）をはじめ、さまざまな法則を明らかにした。そのケプラーにヒントを得たニュートンが有名な「万有引力の法則」（一六八七年）を発見したこととあいまって、科学が飛躍的な発展をとげたことはご存じの通りである。

そして、ついに一七八一年、イギリスの天文学者ハーシェルが偶然、天王星を観測するという新たな惑星出現によって、神学や占星術などの神秘的な惑星観は根本から改められねばならなくなった。

科学の進歩はめざましい。一八四六年、ドイツの天文学者ガレは、ルヴェリエやアダムスらの計算をもとに海王星を発見し、一九三〇年にはアメリカのローウェル、ピッカリングらの協力のもとに、トンボーが最後の惑星「冥王星」を発見した。まさに科学の勝利といえよう。

バビロニア人たちは、地球が宇宙の中心に静止していると考えた。太陽など七つの惑星が地球の周りを廻っているというわけである。しかもそれらの惑星があらゆる空間、あらゆる時間を支配する。一日についても支配惑星がきまっていて、翌日は次の惑星が支配する。それゆえ、七つの惑星が一回りするのに七日かかることになる。

「一週間」という尺度がバビロニアに生まれた根拠は、まさにここにあったといってよい。それがまた、月の満ち欠けから時を測る日常生活の尺度とほぼ一致していたため、「七日」という単位が確固たるものになった。こうして聖数「七」は、さらにキリスト教に引き継がれ、聖書に神の定めた数として規定された結果、ついに動かざる地位を確立してしまう。

旧約聖書のなかに、「主よ、あなたは時を定めるために月をつくり」(詩篇一〇四)とあるが、七という聖数は月と惑星の動きを見つめた古代人のなかで育まれ、一週間七日を区切る決定的な尺度となったのである。

一週間の順序はどうしてできたか

ところで、私たちはかんたんに日月火水木金土といっているが、一週間の順序はどのようにして決められたのであろうか。それについて、ギリシャの歴史家カシウスがつぎのように理論的に説明している。

それによると、古代人は七つの惑星が時間と空間を支配する順序は地球から遠い順になると考えた。地球から遠い惑星の順とは、彼らにとって土星、木星、火星、太陽、金星、水星、月の順であった。

それゆえ、週の第一日を支配するのは地球からもっとも遠い土星であり、しかもその土星は第一日の第一時もつかさどるものとされた。とすると、そのつぎに遠い木星が二時、火星が三時、太陽が四時をつかさどるというように進んで、もっとも近い月が七時、元へ戻って土星が八時を支配することになる。

こうしてつぎつぎと時間に支配星を割りあてていくと、木星が二十三時、火星が二十四時となるから、翌日の第一時は、火星のつぎの太陽がつかさどることになり、第二日は太陽の日とみなされたのである。第一時を支配する惑星がその一日を支配すると考えられたわけである。

同じように割りあてをつづけていくと、第二日の二十四時は水星になるから、第三日の第一時は月が支配するというわけで、四日目の一時は火星、五日目の一時は水星、六日目の一時は木星、七日目の一時は金星がそれぞれつかさどるという、惑星の日時支配表ができあがる。

こうして第一日から第七日までが、土星の日（土曜日）、太陽の日《ディエス・ソリス》（日曜日）、月の日（月曜日）、火星の日（火曜日）、水星の日（水曜日）、木星の日（木曜日）、金星の日（金曜日）という、現代までつづく一週間の順序がきまったといわれている。

日曜日はなぜ休日になったか

それにしても、一週間のなかで、なぜ日曜日が休日とされるようになったのか。そしてそれはいつごろからなのか。

キリスト教に関心のある方なら、すでにおわかりのことと思うが、かんたんにいってしまえば、西暦四世紀にキリスト教を国教としたローマ皇帝コンスタンティヌス一世が、日曜日を「主の日」と定めたからで、西暦三二一年のことである。

キリストは金曜日に十字架にかけられ、三日目に復活した。後述するように〝ローマ流〟の三日目であるから、復活した日が日曜日に当たったため、その日が主の日となった。

キリスト教では、キリストが全人類の罪を背負って十字架についたことよりも、人類の救世主として復活してこの世にあることのほうがはるかに、いやもっとも大きな神の栄光を示すものだった。

だからこそ、コンスタンティヌスは、復活日の日曜日を主の日として、いっさいの仕事を休んで神に祈り、神とともに一日を過ごす安息日と定めたのである。

それと同時に、一ヵ月を「朔日《カレンダエ》」「九日《ノナエ》」「中日《イドウス》」と三つに区切って日を数えるのを取りやめ、ユリウス暦に一週間という新しい尺度を組み入れた。

それ以来、日月火水木金土というカシウスの定めた一週間の順序《ローテイション》は、今日まで一日のくるいもずれもなくつづいてきているのである。

ローマの暦の日付には不連続点があった。グレゴリオ暦を制定したときには、一五八二年十月五

---

† n枚のメダルの場合の回数

まず問題をもういちど掲げると、

「三本の棒がある。一本の棒にn枚の大きさの異なるメダルが大きい順にさしてある。他の二本にメダルはない。このとき全部のメダルを他のいずれかの棒に移しかえるには、何回の手続きを要するか。ただしつぎの規則を守らなければならない。

（1）メダルは必ず三本の棒のいずれか一本にさしておき、別の所に置いてはいけない。

（2）大きなメダルを小さなメダルの上にのせてはいけない」

〔解〕メダルのさしてある棒をA、他の二本をB、Cとして、AからBへ、すべてのメダルを移す回数が(2^n-1)回であることを数学的帰納法をもちいて証明する。

$n=1$のとき、Aにはメダルが一枚さしてあるだけだから、それをBへ移せば終わりで、手続きは一回。すなわち$(2^1-1)=1$で、命題は証明される。

つぎに$n=k-1$のときに命題が証明され

日から十日間を省いて翌日を十月十五日とした。日本でもユリウス暦採用のさい、明治五年十二月二日のあとを二十八日間もとばして翌十二月三日を明治六年一月一日としている。

しかし、このような暦の上での不連続がありながら、週のローテイションにはこれまで一度のずれもなく続いているというのは、まったく驚異というほかはない。七日という単位が人々の生活にいかに重要であったか、計り知れないものがあるといえよう。

週七日という単位は、古代人が七つの惑星と月の満ち欠けという、七日ごとの変化を神の意志としてとらえ、それをキリスト教が生活の区切りとして実用化したと見ることもできる。

その底には、後に述べるが、人間にもっとも適合する数を七とするピタゴラスの哲理もからんでいるように思われてならない。しかし、七という数はまことに不便な数で、三百六十五日も、十二ヵ月も三十日も、七で割りきれない。そのため暦日と週日を合わせるのはきわめてむずかしく、何月何日が何曜日かというこ

たと仮定して、$n=k$ のときにも命題が成り立つことを証明する。A棒にはk枚のメダルがあるが、いちばん大きなメダルをZとおき、その上に重なっている（$k-1$）枚のメダルをYとおく。A棒からYをC棒へ移す。その手続きは、Yが（$k-1$）枚のメダルだから、帰納法の仮定によって（$2^{k-1}-1$）回となる。

つぎに、A棒からZをB棒へ移す。手続きは一回である。さらに、C棒からYをB棒へ移す。手続きは帰納法の仮定から（$2^{k-1}-1$）回である。こうしてA棒のメダルがすべてB棒へ移ったことになるが、手続きの回数は、

$$(2^{k-1}-1)+1+(2^{k-1}-1)=2\cdot 2^{k-1}-1=2^{k-1+1}-1=2^k-1$$

すなわち、（2^k-1）回となる。こうしてすべての自然数nについて命題が証明されたことになる。

とは一目でわからないうらみがある。この暦の不便さを解決するのは相当な難問だろう。

年月日からの曜日の計算法

ここで、年月日からかんたんに曜日を見つける数式をご紹介しておこう。これは「ツェラーの式」といわれるものである。

まず頭のトレーニングをかねて、式の説明からはじめよう。

$y \equiv x \pmod{k}$ というのは「合同式」といって、$y = kt + x$（tは整数）ということをあらわす。「yはxと法kに関して合同である」と読むが、要するに〝yをkで割って余りがxになる〟ということだと考えればよい。例をあげよう。

$25 \equiv 4 \pmod{7} \rightarrow 25 = 7t + 4 \ (t = 3)$,

$47 \equiv 2 \pmod{3} \rightarrow 47 = 3t + 2 \ (t = 15)$

ただし、ある数yをかりに7で割ると、余りは0から6までの数のいずれかになるが、ここでは余りが0となったら7と考えることにする。

つぎに［x］という記号も出てくるが、これは「ガウスの記号」といい「xを超えない最大の整数」をあらわす。［x］は「ガウスのエックス」と読み、例えば［3.2］（ガウスの三・二）は三・二を超えない最大の整数は三だから、［3.2］=3となる。同じように、［6］=6, ［−2.6］=−3となる。

さて、西暦y年m月d日の曜日wを求めよう。まずつぎのようにおく。

すなわちy年を上二桁と下二桁に分け、上二桁をc、下二桁をnとする。

$$y=100c+n,\ 1583\leqq y\leqq 3999$$

現在のグレゴリオ暦は一五八三年にはじまったし、また西暦四〇〇〇年以後は式を変えねばならないので、西暦年yに右の条件をつけた。

また一月、二月のときは、つぎのことに注意していただきたい。

（1）西暦年数yから1を引いて、$(y-1)$を式のなかのyと考える。

（2）一月は$m=13$、二月は$m=14$とする。三月以降はmはそのままでよい。

さて、西暦y年m月d日の週日をwとすると、ツェラーの式はつぎのようになる。

$$w=\left[\frac{c}{4}\right]-2c+n+\left[\frac{n}{4}\right]+\left[\frac{26(m+1)}{10}\right]+d-1\ (mod\ 7),\ 1\leqq w\leqq 7$$

wを計算して、図表よりwに対応する週日が求める答となる。

例えば、一九八二年七月七日の曜日を求めると、

$$c=19,\ n=82,\ m=7,\ d=7$$

$$\therefore\ w=\left[\frac{19}{4}\right]-2\times 19+82+\left[\frac{82}{4}\right]+\left[\frac{26(7+1)}{10}\right]+7-1$$

$$=[4.75]-38+82+[20.5]+[20.8]+7-1$$

$$=4-38+82+20+20+7-1$$

w	1	2	3	4	5	6	7
曜日	月	火	水	木	金	土	日

$=94$

$94 \equiv 3 \pmod 7$

この$w=3$を五九ページの図表で見ると、求める曜日は「水曜日」となる。

第二章　聖数「七」の神話

聖書にあらわれた「七」

聖書の『創世記』に、神は第一日にまず天と地を造ったが、大地は形もなく、あたり一面は空しい暗闇で、地上には神の霊だけがあり、神が「光あれ」といって光と闇を分けて昼夜を造った、という話があるのはご存じの方も多いはずである。

神はつづいて、第二日に水と空、第三日に陸と海を造り、さらに地上には青草と果樹を生えさせ、第四日には季節、日、年月を区切る目じるしとして太陽と月と星を造ったという。さらに第五日には魚と鳥、第六日は家畜、這うもの、獣、そして自分に似せて人間を造った。第七日に天地はできあがって生命に満ち溢れ、それをもって神はよしとして安息し、創造の七日間を祝って聖なる日としたと記されている。

このように聖書には、七日間が天地創造のときであり、七日目が聖なる日であることがはっきり謳《うた》われている。

また聖書の『出エジプト記』のなかに、「安息日を聖なるものとせよ」《レカデッショー・ハッシャバー・エッヨーム・ザコール》とあるように、神の安息日にはすべての仕事を休んで、神を祝福して神とともに一日を過ごすという掟があった。

そのため、聖書のなかにも、ある安息日にキリストの弟子たちが麦畑を通りかかったとき、空腹にさいなまれた弟子たちが麦の穂を摘んで食べたとか、安息日にキリストが病人を癒やしたとかというとがで、神との契約を破ったとしてパリサイ人たちになじられる話が出てくる。

そこには、掟と現実との板ばさみになったキリストの人間的な姿があり、同時に安息日を神との契約として、絶対に守るべき、もっとも大切なものと考えたユダヤ教の選民意識が感じられる。ただ、聖なる安息日のタブーを破ることは、掟を重んじ、神聖化するユダヤのパリサイ人たちにとってはまさしく許しがたかったのである。

そしてキリストは、神を冒瀆《ぼうとく》し、安息日の禁を犯し、人々を煽動した異端の徒という名の下に、総督ピラトに捕らえられる。

キリストは安息日を破ったことだけで捕らえられ、十字架にかけられたわけではないとしても、安息日の契約を破ることが大きな問題を投げかけ、十字架の一つの要因になったことは事実であろう。いわばキリストは、一週間の七番目の日というか、聖数「七」が守られるために十字架につけられたということもできるだろう。それは、神の日が聖なる「七」という数によって行われたことに意味があるからであろう。

ともかく、ヘブライの聖数「七」はそのままキリスト教にも引き継がれて、復活の準備の第一日として復活祭前の七十日目（実際には六十三日前の日曜日である）を七旬節としていることにもあらわれている。また七に「すべて」の意味をこめて、「七つの大罪」「七徳」

文字	名称	数値	写音
Α	アルファ	1	a, a:
Β	ベータ	2	b
Γ	ガンマ	3	g
Δ	デルタ	4	d
Ε	イプシロン（エイ）	5	e
[F]	ϛスティグマ	6	
Ζ	ゼータ	7	z, dz
Η	エータ	8	æ:
Θ	シータ	9	th
Ι	イオータ	10	i, i:
Κ	カッパ	20	k
Λ	ラムダ	30	l
Μ	ミュー	40	m
Ν	ニュー	50	n
Ξ	クシー（クセイ）	60	ks
Ο	オミクロン（オウ）	70	o
Π	パイ（ペイ）	80	p
[Q]	ϟコッパ	90	
Ρ	ロー	100	r
Σ	シグマ	200	s
Τ	タウ	300	t
Υ	ユープシロン（ユー）	400	y
Φ	フィー	500	ph
Χ	キー（カイ）	600	kh
Ψ	プシー	700	ps
Ω	オメガー（オー）	800	ɔ:
[&]	ϡサンピ	900	

ギリシャ文字の数値表

文字	名称	数値	写音
א	アレフ	1	ʼ
ב, בּ	ベツ	2	b, bh
ג, גּ	ギメル	3	g, gh
ד, דּ	ダレツ	4	d, dh
ה	ヘー	5	h
ו	ワウ	6	w
ז	ザイン	7	z
ח	ヘーツ	8	ḥ
ט	テーツ	9	ṭ
י	ヨーズ	10	y
כ, ך	カフ	20	k, kh
ל	ラメズ	30	l
ם, מ	メム	40	m
נ, ן	ヌン	50	n
ס	サメク	60	s
ע, ע	アイン	70	ʻ
פ, ף	ペー	80	p, ph
צ, ץ	サーデ	90	ṣ
ק	コフ	100	q
ר	レーシュ	200	r
ש	シン	300	s, sh
ת, תּ	タウ	400	t, th

ヘブライ文字の数値表

「七霊」、聖母マリアの「七つの悦び」、マグダレナから追放された「七悪魔」などといい、またマタイ伝のなかで、弟子ペテロから、兄弟が犯した罪を何度許さねばならないかと訊《たず》ねられたキリストは「七の七十倍まで」と答えている。

アウグストゥスも「七番目の数《セプテナリウス・ヌメルス》は完全である」といったとき、キリストを完全なものとして、七をキリストの数と考えたのである。

占数術「ゲマトリア」の666とは

ここでちょっと話は横道にそれるが、古代ローマやギリシャに、「ゲマトリア」gematriaという占数術があった。これは何かというと、言葉なり単語なりをアルファベットに配当された数字に置きかえて、その数字から隠された意味を解読するのである。

ヘブライ語やギリシャ語では別表のようにそれぞれのアルファベットが数をもっており、ゲマトリアは、単語の綴り字があらわす数の和がその単語のもう一つの意味をあらわすとして、その裏の意味を解読するものであった。そのためゲマトリアは、古代人たちが過去に起こった事実の因果関係を説明したり解読したりする場合だけでなく、未来を予言するさいの拠りどころとしても用いられたのである。

まず、その実例をいくつかお見せしよう。

あるキリスト教寺院に残された古い祈禱書写本の終わりに、「99」という数字が記されていた。

これをゲマトリア的発想で解き明かそう。「アーメン」をギリシャ語であらわすとAMHN となる。数値表で対照すると、Aが1、Mが40、Hが8、Nが50で、合計が99となり、「アーメン」のゲマトリア数は99となる。いいかえれば「99」は「アーメン」である。

ヘブライ語の「アダム」（אדם）を考えてみよう（（　）内はヘブライ文字。なおヘブライ文字は右から左へ読む）。

「アレフ」が1、「ダレツ」が4、「メム」が40であるから、合計すると、「アダム」のゲマトリア数は45となる。

ヘブライ語で「真理」を「エムート」（אמת）といい、神は真理であり、神のしるしはエムートであるとされている。この「エムート」のゲマトリア数は、「アレフ」が1、「メム」が40、「タウ」が400である。したがって合計すると、

1＋40＋400＝441, 4＋4＋1＝9

このように変形した演算も一つの解釈として用いられ、「エムート」のゲマトリア数は9となるため、「九」は完全、不変の真理をあらわすと考えられたのである。

同じように最近はヤハウェといわれるようだが、「エホバ」（יהוה）のゲマトリア数は26であるため、ユダヤ人にとって「二六」は聖数と考えられている。

さて、ヨハネ黙示録には、「野獣の数」としてゲマトリア数「666」があげられている。この666という数字がどういう意味なのか、多くの聖書学者が研究しているが、正確

なところはよくわかっていない。

七を聖数として、宇宙全体、神の御業《みわざ》、キリストをあらわす完全な数字であると考えるなら、六は七に達しない不完全なものであり、その六を三つ並べて強調したものが６６６だとすれば、「キリストに背く者」という意味に使われている可能性もあるだろう。ヨハネは、キリスト教を弾圧した人々を、神に背いてこの世の平和を乱す「野獣」であるとした。そのため６６６は野獣の数なのではないかと考えられるのである。

しかもヨハネは、ある歴史上の人物を神に背く人類の敵として、個人名を挙げて指弾するかわりに、ゲマトリア数を借りて後世に残したというのである。では、その歴史上の人物とはだれを指しているのかというと、これも世界各国の学者によってさまざまな研究がなされているが、ローマの第五代皇帝、あの悪名高いネロであろうということで意見の一致が見られるようである。

それでは６６６を検証してみよう。

皇帝ネロ・カエサルの名はヘブライ語で〔נרון קסר〕と綴る。「ヌン」が５０、「レーシュ」が２００、「ワウ」が6、「ヌンの語尾形」が５０、「コフ」が１００、「サメク」が６０、「レーシュ」が２００となるので、合計６６６となり、ネロ・カエサルのゲマトリア数は６６６となるわけである。

もう一つ、数字の遊びとしてご紹介するが、表のようなアルファベットと数字の対照表をつくると、野獣の数６６６はナチス・ドイツの独裁者ヒットラーHITLERのゲマトリア数

A	B	C	D	E	F	G	H	I	J	K	L	M
100	101	102	103	104	105	106	107	108	109	110	111	112
N	O	P	Q	R	S	T	U	V	W	X	Y	Z
113	114	115	116	117	118	119	120	121	122	123	124	125

にもなる。Hが１０７、Iが１０８、Tが１１９、Lが１１１、Eが１０４、Rが１１７だから、合計してみていただきたい。遊びのクイズとして面白い。

本論へもどると、とにかくゲマトリアの６６６は、七に至らない六を三つ重ねた数として、キリストに背く者という意味で「野獣の数《ビースト・ナンバー》」と考えるのが自然であろう。

「七」が聖数と考えられたのはヘブライばかりではない。

古代ギリシャのピタゴラスも、さまざまの数を聖数と考えている。そのなかで彼は、奇数の七は天の性質をもち、明るく素直で、善なる数であると考えていた。七という数には理性と健康があり、人間にとってもっとも適当な時間と空間が七であるといっている。この抽象的な哲理が、すでに述べたように一週間七日という不動の安定した単位として存在する理由になっていたと考えても、そうはずれてはいないだろう。

また、古代ギリシャでは定規とコンパスが神の道具であったことにも注意したい。定規とコンパスだけでは描けない最初の正多角形が正七角形であったために、七におそれと力を感じて、万物の支配者とされたのである。なお、正七角形は定規とコンパスだけでは描けないことが、一七九六年にドイツの数学者ガウスによって証明されている。

仏教に見られる聖数「七」

インドでも、火の神アグニが七頭の馬に乗り、七人の妻と妹をもち、七つの舌を使って七連の歌で「天」を讃える神話があり、仏教でも同じように「七」は聖数と考えられている。例えば、いわゆる「四十九日の供養」もそうで、来世へ旅立った四十九日間、「中有《ちゅうう》」（中陰）の世界を彷徨《ほうこう》している魂を成仏させる供養の儀式である。中有とは、現世を去った瞬間からつぎの世に生まれ変わって転生するまでの四十九日間をいう。

仏教には、往生したのち、ふたたび来世に生きかえるという輪廻転生の発想がある。しかも中有の世界で審判をうけ、前世の功罪によって判決が下ると、六道という天上、人間、修羅、畜生、餓鬼、地獄道のいずれかへ転生し生まれ変わるとされ、これを「六道輪廻《りくどうりんね》」という。

この中有にいる故人のために、七日ごとに七回法要を執り行い、追善供養をしてその冥福を祈る最後の供養が四十九日の法要といわれるものである。四十九日目には来世での進路が裁定されて中有の世界が終わるので、この日を「尽《じん》七日」とも「満中陰」ともいう。

中国でつくられたという『十王経』によると、中有の世界をさすらう審判の旅は、鉄棒で打ちかかる冥界の獄卒牛頭馬頭《ごずめず》のいる嶮しい山（死出の山）を越えるところから始まる。はじめての審判が秦広《しんこう》王の前で行われるのが七日目である。この秦広王の憐れみのもとに仏果を得、成仏できるよう供養を営むのが「初七日」である。

秦広王の判定が出れば、六道の一つへ転生できるが、結論が出なければ、七日ごとにつぎの審判者の手にゆだねられることになる。

初七日からつぎの「二七《にしち》日」の王のもとへ行く途中にあるのが三途の川で、その向こう岸へ渡った十四日目の時点で二七日の王初江《しょこう》王の審判を受ける。そして決定が出ない場合は、そのつぎの三七日の王、宋帝《そうたい》王のもとへ、そこで決定されなければ、四七日の王、伍官《ごかん》王のもとへ送られ、さらに決まらなければ五七日「三十五日」の王、すなわち中有世界の五週目にいる有名な閻魔大王の審判にゆだねられることになる。

この閻魔王はもともとインド神話の神ヤーマである。つまり、インドの神話で最初の人間とされているヤーマとヤーミの双子兄妹の一人で、人類最初の死者であったため、夜摩天《やまてん》あるいは閻魔天という地上から一六万由旬（約二三〇万キロ）上空にあるといわれる光明の世界に住み、人間の霊

† 『十王経』による中有の世界

中有では、意生有《いしょうう》といって身体がほろびて霊魂だけになるため、香煙を食べるとされ、そのために香を焚いて弔うといわれる。

三途の川の河幅は四〇由旬、つまり五七六キロで、橋渡し、浅瀬、深瀬の三つの渡しがあるのでこの名がある。日本では室町時代に橋渡しが〝渡し舟〟に変わり、その舟賃は六文とされている。そこの河原が〝賽の河原〟である。

ちなみに閻魔王のいるところは、地上から五〇〇由旬、七二〇〇キロの地下に、縦横六〇由旬、八六四キロの宮殿があり、その宮殿のすぐ下から六万由旬、八六万四〇〇〇キロのところまでが地獄であるとされている。王宮には二つの別院があり、一つは浄頗梨鏡《じょうはりきょう》が置かれた光明王院で、もう一つが善名称院という地蔵菩薩の御殿である。閻魔王の侍者の報告で生前のいっさいを記したものが閻魔帳である。

魂に福を授ける光明の神であった。

ところが太陽の昇る東と、沈んでいく西とを結ぶ一直線の道が、光明と暗黒とを短絡させたのだろうか。仏教が中国に伝わった段階で暗黒の神、冥界の王、地獄に堕ちた人間の懲罰者となり、その名もはじめの「閻摩王」と摩だったのが魔にかわって、恐ろしい忿怒《ふんぬ》の相をあらわすようになったようである。

仏教でいう悪とは、殺生、偸盗《ちゅうとう》、邪淫、妄語、両舌、悪口、言葉を飾ってあざむく綺語、貪欲、瞋恚《しんに》、邪見の「十悪業」をさしている。

一方、善というのは、他人の幸福をねがう「慈《じ》」、他人を不幸から救う「悲《ひ》」、他人の幸福に満足する「喜《き》」、報酬をもとめず安らかな日々を送る「捨《しゃ》」の四無量のことをいう。また、このほかにも造寺、造塔をする「布施」、仏の道を教える「愛語」、人を正しくみちびく「利行《りぎょう》」、人の身になって行動する「同行」の四摂事も善とされ、『般若心経《はんにゃしんぎょう》』にいう最高の完全な悟り（「阿耨多羅三藐三菩提《あのくたらさんみゃくさんぼだい》」）が仏陀の慈悲の理想とされている。

それはともかく、この五七日の閻魔王の審判では、ただその慈悲にすがるしかないとされ、三十五日の追善法要は大切な供養として現代でも生きている。しかし、閻魔王による審判で未決の場合は六七日《ろくしち》の王、変成王《へんじょう》へ、さらに七七日《しちしち》の王、泰山王《たいざん》のもとで最終判決が下されるわけであった。

この四十九日目で人間は、さきほどの「六道」に通じる六つの門の前に立たされ、自分の意志ながら、意志でない意志によって、しかるべき六道の一つを選ばされる。つまり因果応報の道を歩まされるわけである。そして七七日が終われば、残された生者とは無関係に来世に生きるとされるため、この中有の期間は、仏教でもっとも大切な期間と考えられている。

ところで、『十王経』と名づけられながら、七王しか登場しないのはなぜだろうか。

ヒンドゥー教あるいは仏教の聖数が七で、四十九日で審判が終わるのであるから、七王経として完結していいはずで、実際、インドの仏典としては〝七王経〟であったらしい。それが『十王経』となったのは、中国を経由したさいに、道教の影響を受けて〝増結〟が行われたためである。ちなみに『十王経』は偽経といわれながら、日本でも平安時代ごろから盛んに信仰されて、現在でも各地に十王信仰が残っている。

道教とは一口でいえば、無為自然を尊ぶ老荘の思想から陰陽五行説や神仙思想をとりいれ、それを中国の民間信仰と混ぜ合わせて宗教の体裁にしたものといえるだろうが、実はこの道教で説かれているのが「十」の思想なのである。すなわち自然の道を十という数におき、人と神の摂理の数も十であるとして、十が完全を示すものと考えられた。

もう一つ、仏教では中有の世界をさまよう者のために追善供養をするのにたいして、道教の十王信仰では、生き残っている者たちへの警告として、よりよい輪廻転生《りんねてんしょう》をねがうなら、今のうちに供養しておくべしという、生者のための供養であった。仏教の未来志向にたいして、道教では現世志向が強調されて民間信仰に深く入りこんだため、ここにさらに三人の王による〝再審制度〟がつけ加えられた。これは、仏教と道教とのクロスオーバーによる数の魔力といってよい。

こうして再審第一審は、没後百日目の平等王《びょうどう》による審判で、この日に行われる「百ヵ日」の法要は説明するまでもないだろう。一年過ぎた時点で、都市王《とし》による二回目の再審があり、ここがいわゆる「一周忌」にあたる。その追善供養に阿弥陀仏を造ると成仏できるといわれ、また八斎戒《はっさいかい》という「生物を殺さない、盗まない、セックスしない、嘘をつかない、飲酒しない、身を飾らず化粧せず音楽舞踏を避ける、高いベッドに寝ない、午後はいっさい食べない」などの戒めが説かれている。

さらにもう一年たつと「三回忌」で、五道《ごどう》転輪王の審判がある。仏教では、仏陀に背く数として偶数を避け、とくに二が無力な凶数とされるため、二回忌はない。

この五道転輪王の審判でも未決の場合に、人間は地獄へまっ逆さまということになる。あの世へ行った者のために二年間に一度も追善供養がなければ、地獄へのダイビングもやむをえないという発想であろうが、よほどのことがないかぎり、十王審判までには成仏して、来世で生をうけられると説いている。

「七福神」について

「聖数七」の説明にしては、ちょっと抹香臭い話がつづいたので、日本でも七を幸福の数とする発想がある実例をご紹介することにしよう。

もちろんわが国固有のものではなく、ヒンドゥー教や仏教の影響が強いようだが、「七福神」などもその一つである。

恵比寿、大黒天、毘沙門天、寿老人、福禄寿、布袋という七福信仰は、現世の利《り》益《やく》を期待するいかにも小市民的なユーモラスな民間信仰である。七福とは『仁王経《にんのうぎょう》』の「七難即滅して七福即生す」に由来するといわれ、室町時代に生まれたこの七神には、現世を安楽に暮らす大衆的な臭いが漂っている。

七福神のそれぞれは、直接暦や数に関係がないが、話のついでにかんたんに触れておこう。

「恵比寿」は『古事記』にしるされている蛭子神《ひるこのかみ》のことで、伊邪那岐《いざなぎ》、伊邪那美《いざなみ》の二神の第一子とされている。幼くして葦の舟に乗せられて海に流され、竜王の国へ行ったのち戻ってきたという話があるように、異人《ストレンジャー》を意味する「夷《えびす》」または「戎」とも書かれ、異国から幸いをもたらす客神として信仰された。その後、事代主命《ことしろぬしのみこと》にイメージを移して鯛をかかえた姿となり、現在でも漁業、農業、商業などの方面で幸《さち》や、財をよぶ福の神として尊ばれている。

「毘沙門天」はヒンドゥー神（インド神）で、もともとはクヴェーラとかヴァイシュラーヴァナと呼ばれた魔神である。福と財宝の神だったのが仏教にとり入れられ、仏法を守護する軍神多聞天《たもんてん》として「四天王」（持国天、広目天、増長天とともに）の一人に数えられている。玄宗皇帝が毘沙門天の加護をうけ、西方の異民族を破ったという故事などもあり、聖徳太子が日本最初の寺刹四天王寺を建立し、物部守屋をうち破ったというエピソードもある。おもしろいことに、毘沙門天は百足《むかで》を眷属《けんぞく》としているため、寅の日にお福百足を配る風習が一部にまだ残っているようである。

「寿老人」は、南極老人星という寿福をつかさどる星をいわば偶像としたもので、全天で二番目に明るいアルゴ座のカノープス星の化身といえよう。イスラム教の教祖マホメットの星というのはこれである。中国でも瑞兆として尊ばれたが、寿老人の従える玄鹿は（鹿は千年で蒼鹿、千五百年で白鹿、二千年たつと玄鹿になるといわれ）長寿の象徴となっている。

「福禄寿」は、寿老人の同身異体で、北斗七星の添星である輔星（アルコール）の精ともいう。

「布袋」は、中国の浙江省、四明山岳林寺の禅僧、契此《かいし》（長汀子、西暦九一七年没）の姿をかたどったもので、この禅僧は布袋和尚ともいわれ、吉凶を占うことに長じ、その円満な相とあいまって信仰されている。

なお、八福神というのは、これに江戸・新吉原の市兵衛という根っからのケチ男が、逆転して福の神となった「福助」を加える。

大黒天、弁財天については、第十章の干支《えと》のところで述べる。

第三章　一週間の曜日名

日曜日には二通りの流れがある

第一章で、もともと日曜日がローマでは実際に「太陽の日《ディエス・ソリス》」であり、月曜、火曜、水曜と、一週間が〝七つの惑星〟にかかわっていることを述べた。確かに、今でも日曜日Sunday や月曜日 Monday は、そのまま使われているように思えるが、イタリアとか、フランスとか、スペインとかを旅行して、〝太陽の日〟といった意味の原語をいくら並べても、まず日曜日のこととはなかなか理解してもらえない。

お気づきのように、結論からいうと、例えばヨーロッパでは「日曜日」というのに二通りの流れがある。前に述べたが、「太陽の日」グループと、キリスト教から来た「主の日」dies Dominica グループである。

「主の日」グループは、フランス語の dimanche《ディマンシュ》、イタリア語の domenica《ドメニカ》、スペイン、ポルトガル語の domingo《ドミンゴ》などで、いずれもラテン語から出ていることは、なんとなく明らかだろう。

すなわち、カトリック系のキリスト教国は、「主の日」の系列であり、一方、英語のSunday やドイツ語の Sonntag でおわかりのように、ゲルマン系の国々は日曜日を「太陽の日」といっている。どうやら、英国やドイツ、オランダ、また北欧や東欧では、カトリック流の日曜日の呼びかたには抵抗があったらしい。

他方、スラヴ系のソヴィエトやポーランド、またギリシャなどでは、キリストの蘇った日という意味で、日曜日は「復活の日」と呼ばれている。いずれにせよ、太陽が人類に最大の恩恵をあたえる源であり、神の栄光もまた同じであるという発想において一貫しているといってよいだろう。

東洋へ眼をむけて、中国では日曜日をどういうかというと、「星期天《シンチーティエン》」つまり「天の日」となる。天地万物を主宰し、自然の原理をつかさどる最高の存在の日が日曜日というわけである。これがイスラム系のイスラム暦や、マライ、アラビアでの日曜日となると、「第一の日」といういいかたに変わる。これは週の一日目であるとともに、マホメットの第一日ということである。

さて、月曜日も「月の日」dies Lunae から来ており、現在のヨーロッパ諸国などの月曜日名にそのまま残っている。ラテン語の月 luna が「光る」という動詞 luceo に由来しているのも、古代人の考えかたがしのばれて面白い。英語の Monday、ドイツ語の Montag、フランス語の lundi、スペイン語の lunes というように、月にかかわっている。しかしスラヴ系の言葉になると、月曜日が「第一の日」になるし、中国語でも「星期一《シンチーイー》」というのは「第一の日」である。ところが同じ月曜日でも、ギリシャ、ポルトガル、イスラム系では「第二の日」となる。

このように、民族や国語によって週日の呼びかたはちがうが、調べてみると、意外な伝承的エピソードにぶつかる。

火水木金曜の由来

七つの〝惑星〟のうちで太陽と月は、人間にとくに大きな影響力をもつと考えられたために、曜日の名前になったともいえる。

それでは、火曜日から土曜日についても、同じように惑星の名前や、惑星をつかさどる神の名前が使われているかというと、必ずしもそうとばかりはいえない。フランス語の火曜日mardi《マルディ》などは、「マルスの日」という意味だから、「火星」に縁が深いようであるが、英語の「Tuesday やドイツ語、オランダ語などでは「ティルの日」であるという。この「ティルの日」とはどんな日なのだろうか。

話を戻すと、ローマでは火曜から土曜日までに、五つの惑星の名前がつけられていた。それはまた惑星をつかさどる神の名前でもあった。

火曜日は、火星の日であると同時に、火星の神マルス Mars（ギリシャ神アレース）の日で、軍神マルスは、ローマ神話の最高神の一人として「三月《マルテイウス》」の名前にも捧げられていた。天空に赤く輝く火星は、戦争の劫火と結びつけられ、勝利を祈る星として軍神マルスに結びつけられたのだろうし、現在のイタリア語の martedi《マルテディ》や、スペイン語の martes《マルテス》、フランス語の mardi にも、「マルスの日」の意味は生き残っている。

水曜日も、ローマの水星の神「メルクリウスの日」dies Mercurii であった。メルクリウス（ギリシャ神ヘルメス）は、ローマ神話の最高神ユーピテル（ジュピター）と五月の神マイアとの子で、富と幸運をもたらす商業の神だった。ちなみに「メルケス」merces とは商品、品物のことで、商業神を拡大解釈して、当時から泥棒や賭博の守護神としても人気があったらしい。しかも、もともとは旅の神ユーピテルの使者として、手に杖をもち、翼のついたサンダルをはいて、死者の霊魂を冥界へ導くガイド役をつとめた神である。

しかし、どうみても火星も水星も、英語の火曜日《チューズデー》、水曜日《ウエンズデー》とは結びつかない。

水星は、暁方、日の出前二時間ぐらい東の空に現われるのが英語でいうとアポロ Apollo で、夕方、日没後二時間ほど西空に見えるのをマーキュリー Mercury という。しかもマーキュリーとは水星の神メルクリウスのことであるが、英語の水曜日とはつながりそうにない。ギリシャ神話のアポロンも、ヘルメス（マーキュリー）が亀の甲羅を剝がして造った竪琴を貰って弾きながら、ムーサ（ミューズ）たちの指揮をとった太陽神で、Wednesday とは無縁である。

さて、ユーピテルというのは、ギリシャ神話のゼウスと同格のローマ神であるが、ゼウスは、クロノスとレアーの末子として生まれ、雷を武器として法と秩序をつかさどり、オリュンポスの神々の上に君臨した最高神で、木星の神として、モーツァルトの音楽にも名前を残す神として親しまれてきた。

また、日の出前に現われる金星を「明けの明星」フォスフォルス、日没後にみえるのを

「宵の明星」ヘスペリスというが、そのきらきらと銀色に輝く美しさに、古代人は天空の美女を見たのだろうか、愛と美の女神ウェヌス（ギリシャ神アプロディテー）は金星の神として、また四月の名前として自然に受け入れられていた。

それゆえ、ローマではそれぞれ「ユーピテルの日」dies Jovis、「ウェヌスの日」dies Veneris が木曜日、金曜日となって、現在でもフランス語、スペイン語、イタリア語には、ちょっと綴りが変わってはいるものの、jeudi, vendredi（仏）、jueves, viernes（西）、giovedì, venerdì（伊）として残っているのである。

英語の七曜名の〝ルーツ〟

それにしても、英語の火曜日が「ティルの日」というのはどこから来たのであろうか。

結論からいえば、英語の火曜日、水曜日《ウェンズデー》、木曜日《サーズデー》、金曜日《フライデー》も調べていくと、ある一つの神話につきあたる。それは北欧神話、つまりヴァイキングたちの神話の世界である。やや耳慣れない名前がいろいろ出てくるが、ここでその世界にちょっと入りこんでみよう。

北欧神話では、天地のはじめ、この世にあったのは、ギンヌンガガップという霧の立ちこめた空隙で、地底の川からのぼってくる濃霧も氷塊となって凍りつく冷寒の世界であった。ただ南のほうに、燃えさかる火で氷河を溶かす炎の国ムスペルハイムがあったという。

いかにも北欧らしい大自然の厳しさのなかから生まれた神話だが、その溶けた氷の雫《しずく》のなかに宿った二つの生命の一つが、最初の神でイミール Ymir という霜の巨人であった。それからしばらくのちに、オーディンOdinらの三兄弟神が生まれる。このオーディンが、じつは水曜日の名前に冠せられるのであるが、もう少し話をつづけよう。

世界にまるい大地と、それをとりかこむ海ができたのは、この三兄弟神がイミールを殺して、その身体から大地を、血から海を、骨から山を、髪の毛から樹木を、頭蓋骨から天を創ったからだという。

炎の国に飛び散る火花を集めて太陽と月を造り、細かい火花を星として天空にちりばめたオーディンは、二人の巨人（ソルとマニ）に、太陽と月を運ばせ、天空を運行させることにした。ところが、二人の巨人が二匹の狼に追われて逃げまわるため、北欧では太陽も月も、空に出るや、すぐ西に沈んでしまうと伝えられている。

また、オーディンたちは大地のまんなかに「ミッドガルド」という人間の国を造り、さらにヤハウェ（エホバ）がアダムとエヴァを造ったように、とねりこの木から男性アスクを、楡《にれ》の木から女性エンブラを造って、オーディンが生命と魂を、二人の兄弟が理性、感性、言葉をそれぞれ吹きこんだという。

このようにオーディンは、この宇宙や人類の誕生にかかわる、たいへん偉大な神として、古くから北欧の人々に信仰されてきた。

オーディンは、知恵がほしいために、知恵の泉の神ミミールに頼んでその水を飲み、その代償として片目を泉に投げこんだため、独眼になったが、全能の知恵をもって神の国アスガルドに住む上級神のアシル神族の上に君臨したといわれる。古代北欧の文字、ルーン文字を発明し、文化や詩歌をつかさどる神として、青空色のマントに鍔広《つばひろ》の帽子を眼深にかぶり、スレイプニールという八本脚の馬に乗って、グングニールという必殺の槍を手にするオーディン――その姿は北欧の人々にもっとも信仰されていた神といえるだろう。

ヴァーグナーの歌劇に『ワルキューレ』という作品があるが、ワルキューレというのは、ワルハラにあるオーディンの館に住む侍女たちのことで、彼女たちが槍や楯を鳴らしながら、戦場で死んだ兵士を迎えに行く姿を髣髴《ほうふつ》とさせる歌劇である。

さて、前置きはこれぐらいにして、英語の曜日に戻ると、この最高神オーディンに捧げられた日が Wednesday《ウェンズデイ》で、Odin がウォーデン Woden、ウェーデン Weden と変わり、それに「何々の」を示す es がついて、今日の形ができたといわれている。

同じように、木曜日 Thursday というのは、オーディンの六人の息子の一人で、武勇の名の高い雷神で農耕神のトール Thor を讃える日なのである。古代北欧のヴァイキングたちにとって、強烈

†北欧神話の宇宙樹「ユグドラシル」

霜の巨人イミールとともに世界最初の生き物となった牝牛アウドムラの舐める霜の岩の間から一日目に髪毛、二日目に頭と現われたのが最初の神ブリだったが、イミールはその子オーディンらに殺された。その死体から生えてきたのが、「ユグドラシル」という巨大なとねりこの木で、その樹上に神の国アスガルドがあり、その三本の根は、ミッドガルド、ヨツンハイム、霧の国ニフルハイムへ伸びていたという。根元には三つの泉、三女神の守る運命の泉ウルドの泉、ミミールの守る知恵の泉ミミールの泉、暗黒の化身の竜が住むフヴェルゲルミルの泉がある。

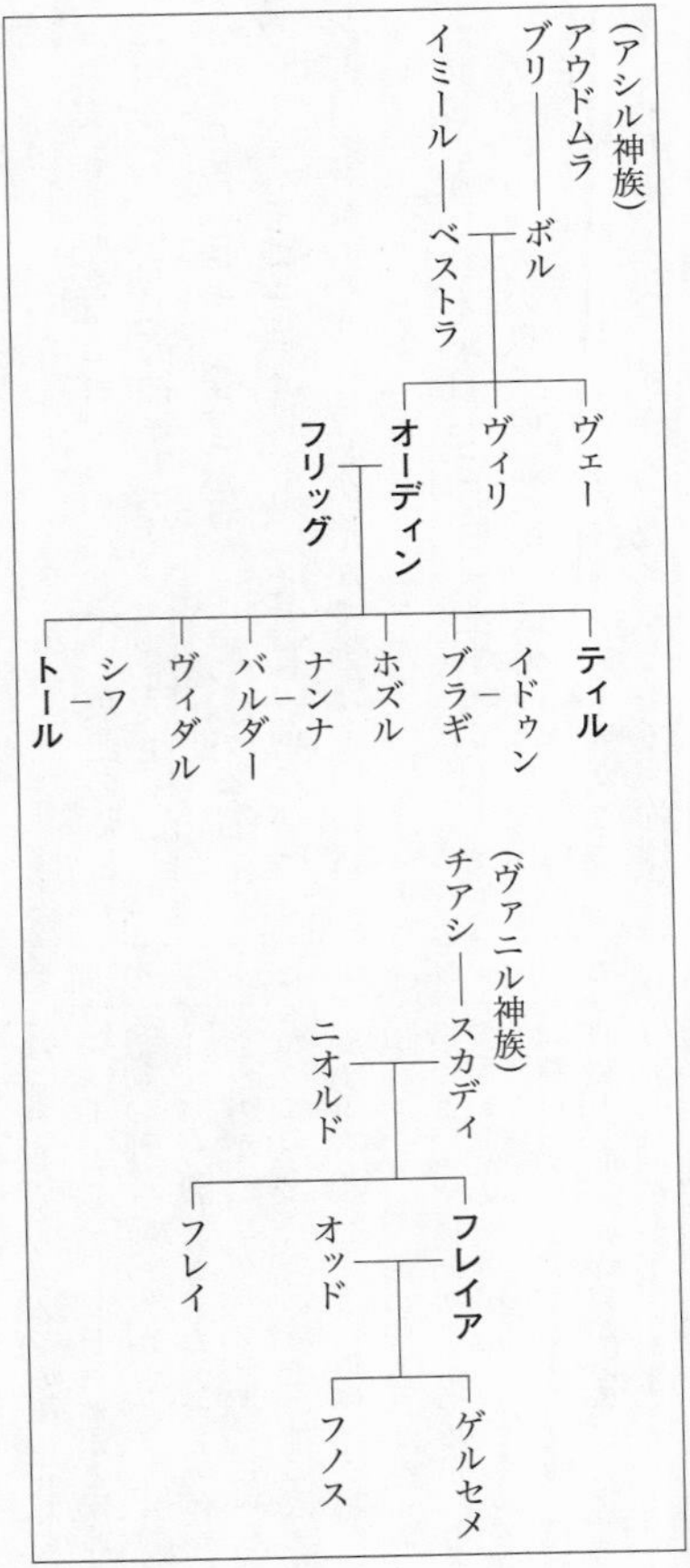

北欧神話の系譜

な閃光と轟音をもって一瞬に大樹を焼き倒す雷は、大自然の恐ろしさを代表する存在だったろうし、それがまた、ミョルニール槌という、敵を倒して戻ってくる強力な武器を手に、山羊のひく二輪車に乗って世界を旅する雷神のイメージとして、人々の心に刻まれたのも当然だったにちがいない。

火曜日「ティルの日」というのは、やはりオーディンの末息子で勇敢無双の軍神ティル Tyrを讃える日である。この Tyr がチュートン系で Tiw, Tiu となり es がついて Tuesday

となったわけである。

ところで、ローマには石壁に刻まれた人面の像があって、嘘つきがその口に手を入れると抜けなくなるという伝説があるが、スカンディナヴィアにも、狼の口に手を入れたティル神の神話がある。

神々の国アスガルドには、いつか巨大な狼が現われて世界を滅ぼすという予言があった。ところが、巨人の国ヨツンハイムに巨《おお》きな狼（フェンリル）が生まれたため、ティルはオーディンに命じられて、その狼を飼育することになった。

しかし、鉄の鎖で縛ろうとしても、狼が巨体を震わすだけで、鎖はズタズタに切れてしまう。オーディンは山の精に命じて、魔法の鎖を造らせた。それはグレイプニールといって、世界中の猫の足音、女の鬚、岩石の根っこ、魚の息、熊の腱、鳥の唾液を全部集めて撚《よ》り合わせた、絹のようにしなやかで、目に見えない鎖であった。

ところが、それを魔法の鎖ではないかと怪しんだ狼は、誰かが自分の口に手を入れておくならという条件で、縛られることに同意した。その人質に選ばれたのがティルである。

こうして狼は、魔法の鎖で縛り上げられたが、鎖を振りほどこうと躍起になって暴れても、魔法の鎖はびくともしない。騙されたと知って怒り狂った狼は、口にくわえていたティルの右手を嚙み切ってしまったが、そのために世界は滅亡から救われたという。

またまた余談になるが、この魔法の鎖を造ったがために、世界中の猫は足音を立てなくなり、女性には鬚がなく、岩石には根がなく、魚は肺呼吸をしなくなり、熊は木に登らなくなり、鳥は唾《つば》をしなくなったという。

フライデーをめぐる余話

金曜日 Friday は、ローマ神話のヴィーナス（ウェヌス）のように、海の国から生まれ、もっとも慈悲深く美しいとされる愛と美と豊穣の女神フレイア Freija に捧げられている。つまり「フレイアの日《デイ》」が〝フライデー〟となったというわけで、この日は、この花を愛し、音楽を好む愛と春の女神に、若者たちが願をかけ、恋の成就を祈る日なのである。

ちなみに、オーディンの后、女神フリッグ Frigg は、ドイツ語の「淑女《フラウ》」Frau の語源で、結婚をつかさどり、未来を予知する神として知られ、ドイツの若い娘たちは、気品ある女神フリッグを理想の女性と考えているものが多いという。そのせいか、「フレイアの日」は女神フリッグと混同されて、北欧では「フリッグの日」とも呼ばれている。

話はそれるが、今日でも世界中で「十三日の金曜日」を忌みきらう人が多い。

キリストが過越《すぎこし》の日「ニサン月十四日」の夕方、ヤコブの家で十二人の弟子と最後の晩餐をともにしたときの出席者の一人ユダの裏切りで、キリストは磔刑《たっけい》になった。そのことから、西欧では今日でも十三という数が不吉とされている。

そのせいか、西欧には「十三恐怖症」という言葉まであり、「悪魔の一ダース」devil's dozen といわれる縁起の悪い十三の数に病的な反応を示す人がいる（十三恐怖症を英語で triskaidekaphobia と書くが、これは〝三〟tris〝と〟kai〝十〟deka の〝病気〟phobia というわけである）。

（十三日の）金曜日が嫌われるのは、キリストの復活した日を主の日として、その日を日曜日と定めたが、キリストは磔刑にされて三日後に復活したというので、逆算すると磔刑の日が金曜日にあたるからだといわれている。またアダムとエヴァが神に背いて、蛇に誘惑されるまま、禁断の「知識の木の実」を食べたのが金曜日だったともいわれ、北欧では金曜日を「魔の安息日」といって、魔女が会合して愛と美の女神フレイアを追い払う日だといわれている。

現在でも西欧では、十三人で会食すると、その一人が年内に死ぬという迷信が残っている。イタリアではクジの番号に十三がなく、トルコでは十三という数字を使っていないという。

一方、中国では殷の時代に、閏月《うるうづき》の代わりに十三月を採用していたし、日本でも十三という数に縁起が悪いという感覚はないから、さまざまである。江戸時代には、男子女子が十三歳になると、下着を贈って成人を祝ったようだが、現在でも関西では、「十三詣り」といって十三歳になった子供が四月十三日に、一人前になったとして虚空蔵《こくうぞう》菩薩にお詣りする風習が残っている地方がある。関東で十一月十五日に行われる「七五三」とは対照的である。

土曜日《サタデー》の由来とクリスマス

さて、週末土曜日の「サタデー」も北欧神話の神の名から来たのかというと、北欧の神々にはそれらしき名前は見あたらない。サタデーというのは、不思議なことにローマの農耕神サトゥルヌスに捧げられた日である。そもそもサトゥルヌス（ギリシャ神クロノス）は、ゼウスに追われてイタリアへ逃げ、豊穣神となった神である。武力で国を興したローマは、都市国家の歩みとして農業を重視したため、サトゥルヌスを讃えたのは当然であった。

ではヨーロッパの他の国々でもサトゥルヌスを讃えて、曜日名のなかへ残したかというと、必ずしもそうではない。

すでに述べたように、聖書には神が天地創造を終えて七日目に休息したとあり、その御業《みわざ》を聖なるものとして、七日目を「サバットゥム」Sabbatum と定めた。これがいわゆる「安息日」で、ユダヤ人たちは、神の命じるままそれを週末として「土曜日」ときめたのである。

キリスト教では、安息日を日曜日と定めたわけだが、キリスト教のもとになるユダヤ教で、土曜日を安息日としていた痕跡は、イタリア語、スペイン語、フランス語に残っていて、sabato, sábado, samedi というように、これらの言葉では、土曜日は安息日という意味なのである。

なお、イスラム教では金曜日が安息日とされているため、イスラム圏からユダヤ圏、さらにキリスト教圏へと、金曜から日曜にかけて旅行すると、安息日が三日つづいて、町は静かだが、商店が閉まっていて、うっかりすると三日間まともな食事にありつけない破目にもなりかねない。

国語	日	月	火	水	木	金	土
フランス	主	月	マルス	メルクリウス	ユーピテル	ウェヌス	安息日
イタリア	〃	〃	〃	〃	〃	〃	〃
スペイン	〃	〃	〃	〃	〃	〃	〃
ポルトガル	〃	第二	第三	第四	第五	第六	〃
英国	太陽	月	ティル	オーディン	トール	フレイア	サトゥルヌス
ドイツ	〃	〃	〃	週の真ん中	〃	〃	太陽日の前日
オランダ	〃	〃	〃	オーディン	〃	〃	サトゥルヌス
ノルウェー	〃	〃	〃	〃	〃	〃	洗濯日
デンマーク	〃	〃	〃	〃	〃	〃	〃
スウェーデン	〃	〃	〃	〃	〃	〃	〃
フィンランド	〃	〃	〃	週の真ん中	〃	ペルーン	〃
ギリシャ	キリスト	第二	第三	第四	第五	準備	安息日
ロシア	復活	週毎	第二	真ん中	第四	第五	安息日
ポーランド	〃	〃	〃	〃	〃	〃	〃
ハンガリー	太陽	七の頭の日	〃	〃	〃	〃	〃
アラビア	第一	第二	第三	第四	第五	集会	〃
インドネシア	主	〃	〃	〃	〃	〃	〃
ヘブライ	第一	〃	〃	〃	〃	〃	〃
ヒンディー	太陽	月	火星	水星	木星	金星	土星
中国	天	一	二	三	四	五	六
朝鮮(韓国)	日	月	火	水	木	金	土

世界主要国語の一週間名の原意リスト

フランス、スペイン、イタリアなどで土曜日名としては残されなかったものの、サトゥルヌスは、人類に畑作を教え、葡萄を育てたとされているため、十二月十七日から七日間にわたってかつてのローマでは、国をあげてサトゥルヌスを讃える祭「サトゥルナリア」を祝った。その祭には、年期を終えた奴隷に自由があたえられ、人々は贈り物を交換し、ロウソクを灯し、生活を忘れてサトゥルヌスを讃えた。

そしてじつは、このサトゥルナリアの最終日が、「征服されざる者の誕生日」dies natalis Invicti として、現在のクリスマスになったのである。というのは、サトゥルナリアが最高潮に達する最終日が冬至にあたるように計画されていたのであるが、クリスマスもまた、太陽復活の日「冬至」を祝って定められた日だったからである。

聖書にある通り、天使ガブリエルがマリアのお腹に神の子が宿ったことを告げたのは、三月二十五日、「受胎告知の日」である。キリストはそれからちょうど九ヵ月たって生まれた。したがってキリストは十二月二十五日に生まれたことになり、クリスマスとしてキリストの誕生日が設けられた。クリスマスは、この世の光であり太陽であるキリストの誕生という意味をこめて、太陽神ミトラの誕生日「冬至」を祝う日として定められたのである。ところが計算上のくるいのため、現在では冬至とクリスマスは一致していない。

風変わりな一週間——五日週

一週間を七日とするのは世界中共通であるが、インドネシアなどでは、現在でも一週間七日制と五日制の両方を併用している。五日週というのは、ジャワ人が古くから使っていたもので、これはもともと五という数に神秘的な力があるとして神聖視したところにはじまる。すなわち東西南北と中央をもって五と考えたものだが、実際には国内の生産物が地方によって異なるため、物資をおたがいに交換する市場を開く日として五日ごとの週が制定されたのである。

五日週	方位	色	自然	物資
Legi《レギ》（満たされない日）	東	白	水	食料品
Pahing《パヒング》（与えられる日）	南	赤	山	金
Pon《ポン》（悪日）	西	黄	—	酒
Wage《ワーゲ》（充実した日）	北	黒	火	肉
Kliwon《クリウオン》（知恵授かる日）	中央	混色	地	—

五日週の象意

「レギ」「パヒング」「ポン」「ワーゲ」「クリウォン」というのがそれぞれ、各地区で市場の開かれる日で、暦のなかに右の順番《ローテイション》で記されている。

とくに農民や商人は、この五日週にしたがって生活のリズムをつくり、そのそれぞれの象意によって日常生活が左右されるようである。

これとはちがうが、現在の日本でも、「五《ご》・十日《とおび》」といって、月の五日、十日を手形の決済日としており、これらの日には道路の交通渋滞がひどくなるなどといわれる。

「六曜」について

日本には、一週六日からなる「六曜《ろくよう》」があって、現代社会のなかでも迷信ながら流行している。

六曜とはご存じのように、「先勝」「友引」「先負」「仏滅」「大安」「赤口《しゃっく》」をいう。

これは、中国で漢の時代に「六行説」といって、すべての事象を六つに分ける理論が生まれたのが、のちに詳述する「五行説」によって影をひそめた、その名残である。

六行説は室町時代に日本に伝わり、江戸時代にも日を数えるのに使われていたが、しだいに迷信的な要素が強くなり、「十二直」「二十八宿」その他の暦注がはびこり、弊害が多くなったため、江戸幕府もしばしば禁令をだし、明治に入って旧暦が廃止され、新暦が採用されたとき、すべての暦注は禁止となった。

そのため、それまで使われていた暦注は全面的に暦の上から姿を消したが、「六曜」は、江戸時代から表面だっては使われていなかったために、禁止の対象にはならなかった。そして七曜だけのカレンダーではなんとなく味気ないというわけで、禁制をすりぬけた六曜が生きながらえて、とくに第二次大戦後、出版の自由がうたわれるようになってからは、他の暦注が復活する余地もないほどに六曜が定着して、今日に至っている。

では、この六曜はどのようにきめられるのかというと、旧暦の一月、七月の一日を先勝、二月と八月の一日を友引、三月と九月の一日を先負、四月と十月の一日を仏滅、五月と十一月の一日を大安、六月と十二月の一日を赤口とするのである。

旧暦の各月の一日が以上のようにきまれば、あとは一日が先勝なら、二日以後は友引、先負、仏滅、大安、赤口、先勝……の順序で、一日ずつ配当されるわけである。そして一ヵ月の晦日がどんな六曜で終わろうと、つぎの月の一日は最初にきめられた六曜から始まるので、そこで順番が飛ぶことも多い。

六曜は、旧暦をもとにつくられているので、現在私たちの使っているグレゴリオ暦ではきめることができない。旧暦と太陽暦の関係式はたいへん難しいので、旧暦にもとづいた六曜は、太陽暦から見ると、まったく不規則にみえる。しかも約一ヵ月ごとに生じる六曜の不連続が私たちには不可解であり、そこに神秘性が感じられるため、迷信としてかつぐ恰好の楽しさがひそんでいるわけで、そこにまた人気があるのかもしれない。

六曜を計算によって求める方法があるが、そのためには旧暦による日どりを知らなければならないから、そうなると計算するよりも旧暦のカレンダーで見るほうが早い。数学に強い方のために下に示したが、一般の読者は飛ばしていただいてかまわない。

ついでに、六曜の意味と象意をご紹介しておこう。

† 「六曜」の計算法

この計算には、yはモードzに関してxと合同であるという合同式$y \equiv x \pmod{z}$を使うが、この説明は第一章で説明したので、スペースの関係上ここでは省略する。

旧暦の月をm、日をdとして、

$$m+d-1 \equiv s \pmod{6}$$

$$1 \leqq s \leqq 6$$

をみたすようなsを計算し、対応表から求める。

例えば、旧七月七日「七夕」の日の六曜を計算で求めると、

$$7+7-1 \equiv 1 \pmod{6}$$

となるから、左下の対応表でsの1を見ると「先勝」である。

中秋の名月、旧八月十五日が必ず仏滅の日であるというのも、左の式からおわかりになるだろう。

$$8+15-1 \equiv 22 \equiv 4 \pmod{6}$$

s	1	2	3	4	5	6
六曜	先勝	友引	先負	仏滅	大安	赤口

〔先勝《さきがち》〕　先んずれば勝つの意で、午前中が吉とされている。

〔友引《ともびき》〕　もともとは留連といって、勝負のとどまる、勝負なしの日であったが、「りゅうれん」から「ゆういん」となり、友引《ゆういん》となって、葬儀を出すと友を引くとの迷信が生まれ、この日は現在でも葬儀社の休日になっているほどである。

〔先負《さきまけ》〕　先んずれば負けるの意で、午前中を凶としている。

〔仏滅《ぶつめつ》〕　元来は「空亡」だったのが「虚亡」とかわり、すべてが虚《うつ》ろで空しいの意から「物滅」となり、お釈迦さまも功徳がなくなると考えられて「仏滅」となった。万事に凶とされている。

〔大安《たいあん》〕　もとは「泰安《たいあん》」で、万事に吉の日であるとして、結婚式や建前などの日どりに選ばれている。

〔赤口《しやつく》〕　「赤口日《しやつこうにち》」ともいう。そのいわれは、赤口神《しやつこうしん》という木星の東門を守る神の配下に八大鬼がいて、一日交替で守護にあたっているとされるが、その鬼のなかの八獄卒《ごくそつ》神というのが八面八臂の姿をして神通力で人間をまどわすところから、この鬼の当番日である四日目を赤口日といって悪日とされたという。

赤口日は「赤舌日《しやくぜつにち》」と混同されやすいが別のもので、赤舌日とは、赤舌神という木星の西門を守る神の配下である羅刹《らせつ》神の当番日をいい、この鬼が恐ろしい顔で人々を威嚇するので、この日を悪日としたが、現在では使われなくなっている。

オランダ語

日　zondag
月　maandag
火　dinsdag
水　woensdag
木　donderdag
金　vrijdag
土　zaterdag

ポルトガル語

日　domingo
月　segunda feira
火　têrça feira
水　quarta feira
木　quinta feira
金　sexta feira
土　sábado

月曜は第二日

フランス語

日　dimanche
月　lundi
火　mardi
水　mercredi
木　jeudi
金　vendredi
土　samedi

ノルウェー・デンマーク語

日　søndag
月　mandag
火　tirsdag
水　onsdag
木　torsdag
金　fredag
土　lørdag

土曜は洗濯日

英　語

日　Sunday
月　Monday
火　Tuesday
水　Wednesday
木　Thursday
金　Friday
土　Saturday

土曜はサトゥルヌスの日

イタリア語

日　domenica
月　lunedì
火　martedì
水　mercoledì
木　giovedì
金　venerdì
土　sabato

スウェーデン語

日　söndag
月　måndag
火　tisdag
水　onsdag
木　torsdag
金　fredag
土　lördag

土曜はlaugardagともいう洗濯日

ドイツ語

日　Sonntag
月　Montag
火　Dienstag
水　Mittwoch
木　Donnerstag
金　Freitag
土　Sonnabend

火曜はティルがThings、Dienとなった。トールはDonaともいう

スペイン語

日　domingo
月　lunes
火　martes
水　miércoles
木　jueves
金　viernes
土　sábado

インドネシア語

	Minggu
	Senen
	Selasa
	Rabu
	Kamis
	Jumat
	Sabtu

ングはdomingoに由来、
曜はイスニンと読む

ポーランド語

日	niedziela
月	poniedziałek
火	wtorek
水	środa
木	czwartek
金	piątek
土	sobota

月曜が第一日

フィンランド語

日	sunnuntai
月	maanantai
火	tiistai
水	keskiviikko
木	torstai
金	perjantai
土	lauantai

金曜はスラヴの雷神ペルーンの日

ヘブライ語

	יום רִאשׁוֹן	ラショーン ウォム
	יום (הַ)שֵּׁנִי	シェニー ウォム
	יום שְׁלִישִׁי	シュリシー ウォム
	יום (הָ)רְבִיעִי	ルビーイー ウォム
	יום חֲמִישִׁי	カミシー ウォム
	יום הַשִּׁשִּׁי	シャシー ウォム
	שַׁבָּת	シャバット

曜は安息日

ハンガリー語

日	vásarnap
月	hétfő
火	kedd
水	szerda
木	csütörtök
金	péntek
土	szombat

月曜が第一日,
napは太陽の意

ギリシャ語

日	Κυριακή
月	Δευτέρα
火	Τρίτη
水	Τετάρτη
木	Πέμπτη
金	Παρασκευή
土	Σάββατο

金曜は準備の日

ヒンディー語

	रविवार	ラウィワール
	सोमवार	ソムワール
	मंगलवार	マンガワール (アンガラカの日)
	बुधवार	ブッドゥワール (仏陀の日)
	गुरुवार	グルワール (インドラの日)
	शुक्रवार	シュクルワール (シュクラの日)
	शनिवार	シャニワール (サニの日)

曜を教祖の日ともいう

アラビア語

日	الأحد	ルアハディ
月	الاثنين	ルイシュナーイニ
火	الثلاثاء	シャラーシャーイ
水	الأربعاء	ルアルビアーイ
木	الخميس	ルカミーシ
金	الجمعة	ルジュムアトゥ
土	السبت	サブトゥ

金曜は集会の日

ロシア語

日	воскресенье
月	понедельник
火	вторник
水	среда
木	четверг
金	пятница
土	суббота

月曜が第一日、水曜が週中

イスラム暦

日 الأحد アルアハッド
月 الاثنين アルイシュナーニ
火 الثلاثاء アッシャラーシャ
水 الأربعاء アルアルバー
木 الخميس アルハミーシ
金 الجمعة アルジュマー
土 السبت アッサブト

タイ語

日 วัน อาทิตย์ (ウァンナティ(ッ))
月 วัน จันทร์ (ウァンチャン)
火 วัน อังคาร (ウァンアンカーン)
水 วัน พุธ (ウァンプッ(ッ))
木 วัน พฤหัสบดี (ウァンパルハッサボディ)
金 วัน ศุกร์ (ウァンスック)
土 วัน เสาร์ (ウァンサァウ)
金曜は火の神アグニの日

中国語

日 星期天
月 星期一
火 星期二
水 星期三
木 星期四
金 星期五
土 星期六
日曜は天の日、
月曜が第一日

サンスクリット語

日 रविवार ラヴィヴァーラ
月 सोमवार ソーマヴァーラ
火 भौमवार バウマヴァーラ
水 बुधवार ブダヴァーラ
木 बृहस्पतिवार ブリハスパティーヴァーラ
金 शुक्रवार シュクラヴァーラ
土 शनिवार シャニヴァーラ

ビルマ語

日 တနင်္ဂနွေနေ့ (タニングガンウェーネ)
月 တနင်္လာနေ့ (タニングーラーネ)
火 အင်္ဂါနေ့ (イングガーネ)
水 ဗုဒ္ဓဟူးနေ့ (ボウダフーネ)
木 ကြာသပတေးနေ့ (キャーザバデーネ)
金 သောကြာနေ့ (サウキャーネ)
土 စနေနေ့ (サネーネ)

朝鮮語（韓国語）

日 일요일（イルヨーイル
月 월요일（ウォルヨーイル
火 화요일（ホワヨーイル
水 수요일（スーヨーイル
木 목요일（モックヨーイル
金 금요일（クムヨーイル
土 토요일（トーヨーイル

ラテン語

日 dies Solis
月 dies Lunae
火 dies Martis
水 dies Mercurii
木 dies Jovis
金 dies Veneris
土 Sabbatum
土曜は dies Saturni ともいう

イラン語

土 شنبه シャンビ
日 یکشنبه ヤークシャンビ
月 دوشنبه ドウシャンビ
火 سه شنبه セシャンビ
水 چهارشنبه チャハルシャンビ
木 پنجشنبه パンジシャンビ
金 جمعه ジュマー
一週間は土曜から始まり、
金曜は休日、木曜は半ドン

マライ語

日 hari satu
月 hari dua
火 hari tiga
水 hari ĕmpat
木 hari lima
金 hari ĕnam
土 hari sabtu
日曜が第一日、
金曜を hari juma'at ともいう

第四章　古いヨーロッパの暦

ヨーロッパの暦に親しむために

東西の暦をひもといていくと、そこに外国の数の考えかたや数えかた、とくにギリシャ・ローマの数の呼びかたに慣れる必要が出てくる。外国語に強い方、面倒くさい方は、読みとばしていただくとして、ちょっと頭脳のアスレティックをかねて、外国語の数の予習、復習をしてみよう。

最近は、男女とも結婚しないシングル族がふえているというが、現代でも結婚は一夫一婦《モノガミー》monogamy である。これが、いずれかすでに婚姻していたとなると、重婚《ビガミー》bigamy 罪が成立するし、配偶者が三人いれば三重婚《トリガミー》trigamy というわけで、イスラム世界のように四人まで夫人をもてるのは一夫多妻《ポリガミー》polygamy ということになる。

これを愛の「ダブルプレイ」「トリプルプレイ」といえばぴんとくるし、「ダブル」double という表現は野球から背広、ウィスキーの水割りや落第まで、生活に密着している。「四重の」というのは何だろうか。辞書をひくと、quadruple《クワドルプル》と出てくる。五重の、六重の、七重のという言葉を探せば、quintuple, sextuple, septuple とある。

そういえば、片眼鏡《モノクル》monocle をかけるのは十八世紀の流行であったが、オペラグラスや双眼鏡は binocular とか binocle、自転車《バイシクル》 bicycle は二輪車で、一輪車は monocycle、三輪車は tricycle、トランプの「四枚続き」は quart《クオート》、同じ組の五枚続き、ポーカーのストレートフラッシュは quint《クイント》 といわれるようである。

テレビや演奏会、レコードでよく見かける言葉に、デュエット duet、トリオ trio、クワルテット quartet、クインテット quintet、六重奏《セックステット》 sextet がある。となれば七重奏は septet《セプテット》、八重奏は octet《オクテット》、九重奏が nonet《ノネット》 という見当がつく方もおられるにちがいない。

漱石の『吾輩は猫である』のなかに、二弦琴の師匠という人物が出てくる。「天璋院様の御祐筆の妹のお嫁に行った先のおっかさんの甥の娘」という女性の奏でる二弦琴が西洋にもあるのかどうかは知らないが、琴《コード》というと、一弦琴 monochord《モノコード》 を始めとして三弦琴 trichord 以下四弦琴 tetrachord《テトラコード》、五弦琴 pentachord《ペンタコード》、六弦琴 hexachord《ヘクサコード》、七弦琴 heptachord《ヘプタコード》、八弦琴 octachord《オクタコード》 とさまざまの弦楽器がある。

ペンタといえば、カメラはともかくアメリカ国防総省の別名は、有名な「五角形《ペンタゴン》」であるから、同じゴンをつけると、三角形《トリゴン》 trigon、四角形《テトラゴン》 tetragon、六角形《ヘクサゴン》 hexagon というように、七角形から十角形まで heptagon《ヘプタゴン》, octagon《オクタゴン》, nonagon《ノナゴン》, decagon《デカゴン》 と続く。

一方、大西洋の魔の三角海域《バーミューダ・トライアングル》というときの angle《アングル》 の系列から拾っていくと、triangle 以下、quadrangle（四角形）、quintangle（五角形）、sexangle（六角形）となっていく。

ついでに幾何学に出てくる何面体という表現を探すと、四面体《テトラヘドロン》 tetrahedron から始まって、順次、五面体《ペンタヘドロン》、六面体《ヘキサヘドロン》、七面体《ヘプタヘドロン》、八面体《オクタヘドロン》、九面体《エネアヘドロン》 enneahedron となる。

カメラなどに使う三脚は文字通り「三本の脚《トリポッド》」tripod であるが、〝六本の脚〟というと昆虫類《ヘキサポッド》 hexapod で、十脚《デカポッド》になると、蟹やエビの類いの十脚類 decapod を指すことになる。ところでラテン語の centum《ケントゥム》 は百だから、百足《むかで》を centipede というが、千 mille の足をもった生物 millepede はヤスデになる。西欧人の目にはヤスデのほうが百足より十倍も足が多いと映ったのは面白い。

英語で million は「百万」10^6 であり、billion は米国では 1000×1000^2 で十億 10^9、英国では百万の二乗で一兆をいう。trillion は米国では 1000×1000^3 で一兆 10^{12}、英語では百万の三乗で百京。quadrillion は米語で 1000×1000^4 だから一千兆 10^{15}、英語では百万の四乗、つまり一秭。quintillion は 1000×1000^5 となり百京 10^{18} で、英語では百万の五乗で百穣という、わけのわからない大きな数になる。

以下、半分自暴気味でご紹介すれば、sextillion（〔米〕$1000\times1000^6=10^{21}$ で十垓、〔英〕百万の六乗、一澗）、septillion（〔米〕$1000\times1000^7=10^{24}$ で一秭、〔英〕百万の七乗、百正）。octillion（〔米〕$1000\times1000^8=10^{27}$、千秭、〔英〕百万の八乗、一極）。nonillion（〔米〕$1000\times1000^9=10^{30}$、百穣、〔英〕百万の九乗、百恒河沙）。decillion（〔米〕$1000\times1000^{10}=10^{33}$、十溝、〔英〕百万の十乗、一那由他 10^{60}）。

すでにお気づきのように、これらはすべてラテン語ギリシャ語の数の呼びかたから出ているので、一覧表をご参考までに掲げておいた。

	米・仏の使い方	英・独の使い方
million	100万＝10^6	100万＝10^6
milliard	10億	
billion	10億＝10^9	100万の2乗＝10^{12}
trillion	1兆＝10^{12}	100万の3乗＝10^{18}
quadrillion	1000兆＝10^{15}	100万の4乗＝10^{24}
quintillion	100京＝10^{18}	100万の5乗＝10^{30}
sextillion	10垓＝10^{21}	100万の6乗＝10^{36}
septillion	1秭＝10^{24}	100万の7乗＝10^{42}
octillion	1000秭＝10^{27}	100万の8乗＝10^{48}
nonillion	100穣＝10^{30}	100万の9乗＝10^{54}
decillion	10溝＝10^{33}	100万の10乗＝10^{60}
undecillion	1澗＝10^{36}	100万の11乗＝10^{66}
duodecillion	1000澗＝10^{39}	100万の12乗＝10^{72}
tridecillion	100正＝10^{42}	100万の13乗＝10^{78}
quattuordecillion	10載＝10^{45}	100万の14乗＝10^{84}
quindecillion	1極＝10^{48}	100万の15乗＝10^{90}
sexdecillion	1000極＝10^{51}	100万の16乗＝10^{96}
septendecillion	100恒河沙＝10^{54}	100万の17乗＝10^{102}
octodecillion	10阿僧祇＝10^{57}	100万の18乗＝10^{108}
novemdecillion	1那由他＝10^{60}	100万の19乗＝10^{114}
vigintillion	1000那由他＝10^{63}	100万の20乗＝10^{120}
centillion	10^{303}	100万の100乗＝10^{600}

大きな数を英語であらわすと

一から一〇までをあらわす言葉

ラテン語の「一」はunusで、ギリシャ語ではeisとあらわす。日本語でも「ユニフォーム」uniformや「ユニーク」unique、「ユニット」(単位) unitとそのまま表記されることが多くなったが、このほか《宇宙》universe、「一角獣」unicorn、「一価の」univalentとあり、また「独占」monopoly、「単色」monochrome、「単細胞生物」monadのmono-も「一」という意味である。

同様に「二」はduoで、「双対の」dualとか「二元論」dualism、あれかこれかと二つを考える、つまり「疑う《ダウト》」doubt、二つのダイスの「同じ目《ダブレット》」doublet、ch, ouのように二字で一音をあらわす「重字《ダイグラフ》」digraphに見られる。またbi-が「二」をあらわす言葉として「二国語を話す《バイリンガル》」bilingual、「隔月《バイマンスリー》」bimonthly、あるいは「ビスケット」biscuit(仏語で「表裏二度焼かれた」)などがある。もう一つ「の間に《ビトイン》」between、「薄明《トワイライト》」twilight、「双子《ツイン》」twin、「二度目《ツワイス》」twiceなど、twi-にも「二」の意味があることを思いだしていただきたい。

「三」はラテン語でtresであり、ギリシャ語でtreisとなる。「隔週」にbi-が使われていたが、triweekly「週三回」の意があるから不思議である。「三葉虫」trilobite、「三脚架」trivetとか、「漁夫の利を得る第三者」というときにtertius gaudensといい、またイエスとノー以外に第三の立場はないという「排中律」tertium non daturにも使われている。

ラテン語の「四」はquattuorと綴り、ギリシャ語では海岸の護岸に使われる「テトラポ

1	2	3	4	5	6	7	8	9	10
unus	duo	tres	quattuor	quinque	sex	septem	octo	novem	decem
eis	duo	treis	tettares (tetra)	pente	hex	hepta	okto	ennea	deka

ラテン語の数（上）とギリシャ語の数（下）

ッド」や牛乳の三角箱「テトラパック」の tetra《テトラ》である。「四組舞踏《カドリール》」quadrille、「四分の一《クォーター》」quarter、「四行詩」quatrain、「四つ組」tetrad などがある。

「五」はラテン語で quinque という。ヴァイオリンは、かつて弦が五本あったので、最高弦を quinte というが、ギリシャ語の pente (penta-) のほうが印象に残るようである。「五種競技《ペンタスロン》」pentathlon やキリスト教で過越の祭から五旬目の聖霊降臨祭「五旬節《ペンテコステ》」Pentecost など多数残されている。フルーツポンチ fruits punch というのは、サンスクリット語の「五《パンチャ》」penca が語源で、かつてはレモン、茶、アラク酒、砂糖に水の五種類の材料をカクテルしたものだったらしいが、最近のはポートワインみたいな味つけが多いようである。

「六」は「六分儀《セクスタント》」が sextant であるように、ラテン語では sex、ギリシャ語では hex である。

「七」はラテン語の septem で、Septuagint《セプチュアギント》というと「ギリシャ語訳旧約聖書」のことである。紀元前二七〇年ごろ七十二人の学者が七十二日間かかって訳出したという。「七年間の」septenary、「七十代の人」septuagenarian、「九月」September なども「七」から生まれている。ギリシャ語の七は hepta で「七つ揃い」heptad に見られる。

ラテン・ギリシャ語の「八」octo は音楽の「オクターヴ」octave、「十月」October にあらわれている。また肢の八本ある章魚《たこ》も octopus というが、それでは烏賊《いか》は十本足だから似たような言い方があるかというとさにあらず、cuttlefish なのである。

同じく「九」は novem で、英語の「正午」noon は日の出から九時間目という意味だという。また各月の五日（七日の場合もある）をローマ時代に nones《ノネス》といったが、これは後に述べる「イドゥスの日」idus から数えて九日前に当たっていたからである。「十一月」November も「九」から来ている。ギリシャ語の「九」は ennea《エネア》で、英語の ennead も「九」である。

「十」は、ラテン語で decem、ギリシャ語で deka（deca）である。ボッカッチョの『デカメロン』Decameron、「十種競技」decathlon、「十年間」decade、「十進法の、小数」decimal、「十二月」December、その他度量衡の「一〇リットル」decaliter、「一〇分の一リットル」deciliter のように、同じ十の意味でギリシャ語「デカ」は一〇倍、ラテン語系の「デシ」が一〇分の一をあらわすのは面白い。

しかもこれはラテン語の「百」「千」centum, mille、ギリシャ語の hecto, kilo の場合にも同じなのである。すなわち、「百分の一メートル」centimeter「千分の一グラム」milligram に対して「百メートル」hectometer、「千グラム」kilogram となっている。

September はなぜ九月なのか

さて、これまで一から十までの古い言葉を眺めたところでは、septem, octo, novem, decem はそれぞれ七、八、九、一〇という意味であった。すると、英語の September, October, November, December は七月、八月、九月、十月となるはずなのに、現在使われている September は「九月」という意味である。なぜ、そこに二ヵ月のずれがあるのだろうか。歴史の流れのなかで、暦月の呼びかたが間違えられたのか。あるいは一年の区切りかたがちがっていたのだろうか。

七番目の月を意味する September は、いったいどんな理由で九月になったのか。じつは、このことは私たちが「暦」の生い立ちを調べるうえで、たいへん重要である。

1月	Martius	31日
2月	Aprilis	30日
3月	Maius	31日
4月	Junius	30日
5月	Quintilis	31日
6月	Sextilis	30日
7月	September	30日
8月	October	31日
9月	November	30日
10月	December	30日
11月	——	
12月	——	
1年		304日

ロムルス暦

暦には太陽暦と太陰暦があって、そのそれぞれに古い歴史があるが、現在私たちが使っているのは「グレゴリオ暦」という太陽暦である。この太陽暦の起源をたどると、遠く古代エジプトまでさかのぼるが、これは一ヵ月を三十日として、一年十二ヵ月に五日を加え三百六十五日とした、なかなか本格的な暦であったらしい。

このほか古代オリエントや中国、さらにはインカ、マヤにもそれぞれ独自な暦法が発達している。ただ、ここでそのすべてをご紹介するわけにもいかないので、それは必要に応じて触れることにして、まずグレゴリオ暦のもとになった古代ローマの暦から話を始めよう。

古代ローマで、はじめて暦がつくられたのは紀元前八世紀で、前七五三年にローマ建国の祖といわれるロムルスRomulusの手によるとされている。これを「ロムルス暦」という。当時のローマ人たちの生活というのは、今日のように食糧も防寒具も潤沢ではなかったので、農耕面でも軍事面でも、活動をはじめるのは、そろそろ暖かくなる季節、すなわち現在の三月ごろからであったらしい。それ以前の寒さも厳しく、塩漬肉や穀物でかろうじて生きる期間は、まさに冬籠り期で、名づける価値もない名なし月の日々だったようである。現在の三月を一年の初め〝正月〟としたのであれば、当時の七番目の月が現在の九月Septemberになるのは当然といえよう。

「ロムルス暦」について

ロムルス暦というのは、一〇三ページ図表の通り、十ヵ月しかなく、一年が三百四日という素朴きわまる暦であった。つまり農作業も戦もできない、生活のすべてが凍結してしまう時期の約六十日間が過ぎてはじめて、日付としての意味もあると考えられたのである。

この暦は月の満ち欠けを基準にした太陰暦で、一ヵ月を三十日として、十ヵ月で暦が終わるというものであった。しかし一方には、両手の指の数が十本だから、それに合わせて十ヵ月にしたという説もある。抽象的な数字を使うのに慣れている現代人とはちがって、物と指を突き合わせて指おり数えるほうが得意だった古代人は、指と月を対応させて十ヵ月としたというのである。

ともあれ、ローマ最初の暦は、一年のうち三百四日だけを記したなんとも不思議な暦だった。そしてこの暦こそ、現在私たちが使っているグレゴリオ暦の生みの親であった。

ところが、この不完全なロムルス暦は、たちまち馬脚を現してくる。冬の酷寒のころに日付がない。これでは、春になって第一月を始めるに当たって、月の満ち欠けを基準にするとしても、春の嵐や豪雨が続けば、まったく目安が立たない。漠然と年初を決めれば、毎年のたいせつな主要行事につぎつぎとくるいが生じてきたのは当然であろう。しかも現実に時間が刻々動いている以上、目盛りのない時期があるのは、いかにも不便である。この欠点を補って改められたのが「ヌマ暦」である。

「ヌマ暦」について

ロムルスの後を継いだローマ皇帝ヌマ・ポンピリウスは、紀元前八世紀の終わりにロムルス暦をつぎのように改めた(前七一〇年)。

まず十ヵ月のあとに、第十一月《ヤヌアリウス》 Januarius と第十二月《フエブルアリウス》 Februarius の二ヵ月を加えて、一年を十二ヵ月とする。つぎに、ロムルス暦で三十日の月は、すべて二十九日とし、三十一日

1月	Martius	31日
2月	Aprilis	**29日**
3月	Maius	31日
4月	Junius	**29日**
5月	Quintilis	31日
6月	Sextilis	**29日**
7月	September	**29日**
8月	October	31日
9月	November	**29日**
10月	December	**29日**
11月	**Januarius**	**29日**
12月	**Februarius**	**28日**
1年		355日

ヌマ暦（太字はロムルス暦と異なった部分）

の月はそのまま残し、新たに設けた第十一月《ヤヌアリウス》と第十二月《フェブルアリウス》を、それぞれ二十九日、二十八日間と定める。こうして一年が三百五十五日からなる暦「ヌマ暦」ができあがったのである。

　月が地球のまわりを一回転する日数を基準にすると、満月から満月までの一ヵ月は約二十九・五日（真の朔望月は二十九・五三〇五八八二日、約二十九日十二時間四十四分二・八秒）であるから、十二ヵ月では、29.5×12=354日となる。三百五十四日とはなるが、人間には元来「数」を神聖視する傾向があり、世界の各民族は、その気候や風土などの環境に応じて、古くから独自に、神聖化された数をもっていた。ローマもその例に洩れない。ローマでは、奇数を尊び、偶数を嫌っていたため、三百五十四日に勝手に一日を加えて、三百五十五日を一年としたのである。

　ローマ人は多分にギリシャ人の影響を受けていたが、ギリシャ人も同じ考えをもっていたらしく、哲学者のプラトンは、「奇数は、天上界の数で神性があり、幸をもたらし、偶数は地上界の数で俗性があり、不幸を運んでくる」といっている。数学者のピタゴラスも、「奇数は善であり、直にして動、天の性質をもつ男性的な数であり、一方、偶数は悪で、曲にして静、地の性質をもつ女性的な数である」といっている。

ところで、第十二月《フェブルアリウス》だけが二十八日しか貰えなかったのはなぜだろうか。

ヌマ暦では、一年三百五十五日からロムルス暦の三百四日を引いた残り五十一日を、新たに設けたふた月に振り分けることにした。しかし前にいったように、ヌマ暦では、ロムルス暦で六つあった三十日の月から一日ずつ減らして二十九日としたので、振り分け可能な日数は五十一日に六日を加えた五十七日しかなく、ヤヌアリウスに二十九日を振り分けると、フェブルアリウスには二十八日しか残らなかったわけである。

もう一日ふやして三百五十六日として、フェブルアリウスの月を立てるか、奇数日の年を立てるかということになり、結局のところ三百五十五日に軍配があがったようである。

こうして割り当てが一人前でないというか、

1月	**Januarius**	29日
2月	**Februarius**（メルケドニウス22日，23日）	28日
3月	Martius	31日
4月	Aprilis	29日
5月	Maius	31日
6月	Junius	29日
7月	Quintilis	31日
8月	Sextilis	29日
9月	September	29日
10月	October	31日
11月	November	29日
12月	December	29日
1年		355日

ヌマ暦の改革

日数の配給がもっとも少ない、偶数の二十八日の月が誕生した。

　それから六百年ものあいだ、ヌマ暦では年の初めがロムルス暦と同じマルティウスMartius で始まる十二ヵ月のサイクルがつづいた。そして紀元前一五三年になってはじめて、ヤヌアリウスを第一月つまり年初とする暦に変えられたのである。これを「ヌマ暦の改革」という。

　ヤヌアリウスという名は、ローマの門神ヤヌス Janus を称えて命名されたものである。ヤヌスは行動のはじめをつかさどる神でもあったため、このヤヌスの月が年初としてもっともふさわしいとされたのであろう。
こうして年末にあった第十一月《ヤヌアリウス》、第十二月《フェブルアリウス》が年のはじめに割りこんだため、第一月《マルティウス》以下が二ヵ月ずつ繰り下げられて、三月がマルティウス、四月がアプリリス Aprilis、五月がマイウス Maius、六月がユニウス Junius……となった。
ヌマ暦の改革によるこの十二ヵ月の順序は、現在でもそのまま引き継がれて残っている。

　こうして、もともとは七番目から十番目までの月であった September, October, November, December は、二ヵ月ずつずれて、いまでも英語、フランス語など西欧の言葉のなかに生き残ることになったのである。

　そもそもロムルス暦では、第一月から第四月までは、ローマ神話の神々の名にちなんで名がつけられていた。第一月は戦いの軍神マルス Mars を称え、第二月は春と美の女神アプロディテー Aphrodite を、第三月は豊穣の神マイア Maia を讃美し、第四月は母なる結婚の神ユノー Juno に捧げる月として名づけられたのである。

一方、第五月以降はラテン語の数詞をつけて、五番目の月、六番目の月、……十番目の月、というように命名した。五番目の月は Quintilis、六番目の月は Sextilis となり、七番目の September 以降はすでにご紹介した通りである。

このように、最初は順番の合っていた月の名前がずれたのは、ヌマ暦の改革で新たな二ヵ月が年頭に割りこんだからである。

言葉のなかにこのような歴史の傷跡を見ると、ちょっと胸のはずむ思いがするのではないだろうか。

暦の変遷の表

ロムルス暦

1月	Martius	31日
2月	Aprilis	30日
3月	Maius	31日
4月	Junius	30日
5月	Quintilis	31日
6月	Sextilis	30日
7月	September	30日
8月	October	31日
9月	November	30日
10月	December	30日
11月		
12月		

ヌマ暦

Martius	31日
Aprilis	29日
Maius	31日
Junius	29日
Quintilis	31日
Sextilis	29日
September	29日
October	31日
November	29日
December	29日
Januarius	29日
Februarius	28日
(Mercedonius 22日，23日)	

ヌマ暦の改革

1月	Januarius	29日
2月	Februarius	28日
	(Mercedonius 22日，23日)	
3月	Martius	31日
4月	Aprilis	29日
5月	Maius	31日
6月	Junius	29日
7月	Quintilis	31日
8月	Sextilis	29日
9月	September	29日
10月	October	31日
11月	November	29日
12月	December	29日

ユリウス暦

Januarius	31日
Februarius	29日 (bisextum)
Martius	31日
Aprilis	30日
Maius	31日
Junius	30日
Julius	31日
Sextilis	30日
September	31日
October	30日
November	31日
December	30日

ユリウス暦（アウグストゥスの改暦）

1月	Januarius	31日
2月	Februarius	28日 (bisextum)
3月	Martius	31日
4月	Aprilis	30日
5月	Maius	31日
6月	Junius	30日
7月	Julius	31日
8月	Augustus	31日
9月	September	30日
10月	October	31日
11月	November	30日
12月	December	31日

グレゴリオ暦（英語）

January	31日
February	28日 (leap day)
March	31日
April	30日
May	31日
June	30日
July	31日
August	31日
September	30日
October	31日
November	30日
December	31日

第五章　十二ヵ月名にあらわれる神々

ギリシャ・ローマ神話の世界

英語の十二ヵ月を追ってみると、九月から十二月までは数字が月の名になっており、七月と八月は歴史上の人物名がつけられていた。一月から六月までは神の名がついている。神の名といっても、それはギリシャ・ローマ神話の神々の名前である。

それにしても、ローマ人たちは暦の月名になぜギリシャ・ローマの神々の名前をつけたのだろうか。その理由は、暦ができたのはもちろん時間や空間に区切りをつけるためであったが、その時間や空間を支配し、そこに君臨していたのがそれらの神々だったからである。

さて、ローマで暦が使われるようになったのは紀元前七五三年、ローマが建国された年からで、それ以後、いわゆる「ローマ紀元」が制定されることになる。このローマの建国をめぐっては、有名な話がある。

あるとき、一人の羊飼が一本のイチジクの樹のそばを通りかかると、乳を求めて泣いている人間の双生児に一匹の牝狼が乳房をあたえているのを見かけた。羊飼は、狼から双生児の赤子をとりあげ、ロムルス Romulus、レムス Remus と名づけて育てたが、この二人は、長じてのちローマの支配権をめぐって争うことになる。そこで二人が神意を問うと、ロムルス

ギリシャ神話の系譜（ ）はローマ神話名

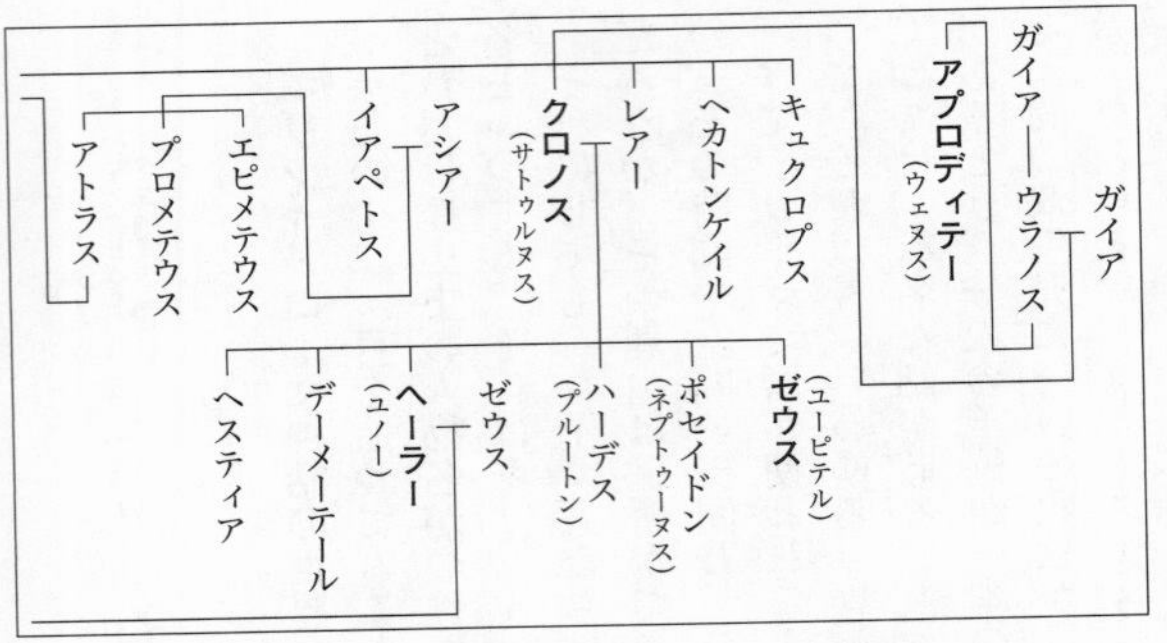

の丘に十二羽の鷹が飛んできたので（十二は聖数をあらわす）、ロムルスが王位につき、前述のようにアウェンティヌスの丘に新しい都市をつくり、ロムルスの名にちなんで「ローマ」Romaと名づけたという。ときにロムルス十八歳、紀元前七五三年のことであった。

このロムルスとレムスの双生児は、じつはすでにご紹介したローマの戦の神マルスが火と炉の女神ウェスタ（ギリシャ神ヘスティア）の神殿の巫女シルヴィアに生ませた双生児だったといわれている。

シルヴィアは、処女の女神ウェスタの巫女でありながら、妊娠したため監禁され、のちに笞打ちの刑に処せられた上、生き埋めにされることになる。ただ、監禁中に生まれた双生児は、ただちにいかだに乗せられ、川に流されたが、イチジクの樹（ロムルスのイチジクという）の根もとに流れつき、羊飼に助けられたというのである。

ローマ神話は、トロイ戦争の劫火から逃れてローマに着いたアエネアスから始まるといわれているが、このア

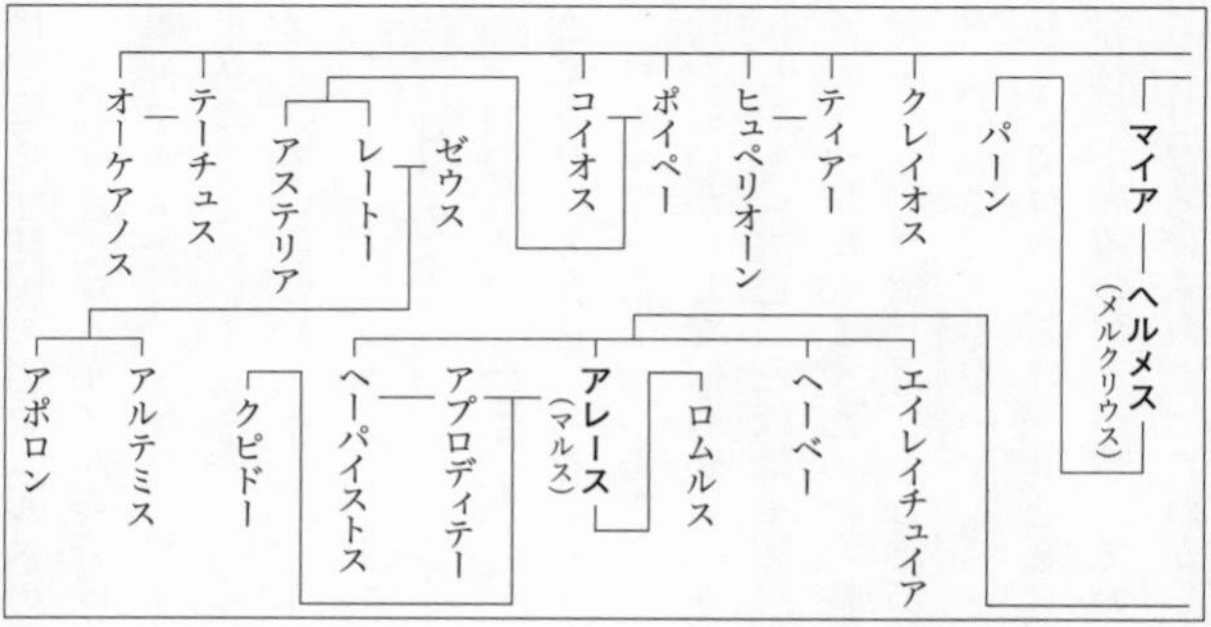

エネアスが火と炉の女神ウェスタの像と、女神の永遠の火をローマに伝えたともいわれている（オリンピックの聖火は別名を《ウェスタの火》という）。そのため、アエネアスの子孫にあたる巫女シルヴィアが女神ウェスタの処女の掟を破ったことが死に値したのであろうが、その双生児の生命は救われて、ローマ建国の原動力になったといってよいだろう。

「三月《マーチ》」の由来

ロムルスが暦をつくる以前でも、ローマでは、太陽が真東から出る春分が、春の初めを意味していた。この日は、すべての生命が新たな営みをはじめる出発点とされ、年の初めとも考えられていた。

戦の神マルスが、ユーピテル（ギリシャ神ゼウス）よりも偉大なローマの最高神として崇められ、春の訪れとともにローマに君臨して、ローマを戦に誘うといわれていたことは前に書いた通りであるが、ローマ人にとって、春さきがけの軍神マルスは、国家の柱であるうえに、ローマ建国の祖ロムルスの父親でもあった。

それゆえ、ロムルスが春分以後の一年（三百四日）を十ヵ月に分け、その第一月を父なる軍神マルスMarsに捧げ、マルスの誕生月を称えて「マルスの月《マルティウス》」Martiusと名づけたのは当然のことといえよう。このマルティウスが英語の「三月《マーチ》」Marchの語源として現代に伝えられているのである。

「六月《ジューン》」の由来

英語の「六月《ジューン》」Juneも、ローマ神話の女神ユノーJunoから来ているといわれるが、ここにも女神と女性たちをめぐるエピソードがある。

〝ローマは一日でなった〟わけではなかった。ローマが建国後に突きあたった重大な問題は兵力をいかにして保つかの問題だった。要するに兵士が圧倒的に足りなかったのである。

しかも、逃亡した奴隷や凶悪犯などの無法者たちをなんとかかき集めて軍隊の員数がそろうと、つぎに起こったのは女性の問題であった。ロムルスは、必死になって隣国から未婚の女性たちを誘致しようとしたが、こんな無法者集団の男たちとわざわざ結婚したがるような女性がいるはずもない。

そこでロムルスは一計を案じて、まんまと女性掠奪計画を成功させるが、若い乙女たちを奪われた周辺の国々が黙っているはずはなく、復讐と奪還を企てる戦がローマとの間に何度もくりひろげられた。これがいわゆるサビニ戦争であるが、戦いが始まるたびに、悲しい思いで両軍の兵士たちを見つめていたのは、ローマに掠奪された女たちだった。

身体を奪われた当初は、恐怖と不安におびえていたものの、いまではローマ人の妻であり母である。故国の父や兄弟とローマ人の夫との戦争は身を切られるよりも辛かったにちがいない。果敢にも、武器一つ持たずに両軍の間に分け入って、戦いをやめるよう叫んだのは、ほかならぬローマの妻たちであった。父、兄弟も夫もそのいずれをも殺したくないと希《ねが》う彼女たちは、「私たちに武器を向けなさい！」と叫んだのである。

この決死の仲裁によって、両軍は休戦に入り、二人の王をいただくローマ王国が生まれた。ふたたび「女の平和」がもどってきたのである。ロムルスがこの若いローマの妻たちを称えて催したのが「妻たちの祭《マトロナリア》」Matronaliaで、この日にはローマ最高の女神ユノーJunoが祭られ、この祭の催される月はユノーにちなんで「ユニウス」

†ロムルスの女性掠奪計画

人類は戦争によって敵国の女性を強奪した歴史はあるが、ロムルスが企てたのは平和な(?)手段で女性を手に入れようとするもので、おりしもローマの穀物神コンススの祭「コンスアリア」が盛大に催されることになっていた八月十九日と決められた。

その日、ロムルスは競馬大会を開催し、隣国のエトルリア人、ラティウム人、サビニ人たちがこぞって見物にくると、快く歓迎して町を案内し、たくさんのご馳走をもってもてなした。そして競技が盛りあがり、見物の男たちが夢中になって見とれているすきに、ローマ兵たちは見物している若い隣国の娘たちに襲いかかって誘拐し、妻となるよう強要したという。

ローマが娘たちの泣き叫ぶ声と、ローマ兵の怒号に騒然となったなかで、ロムルスの女性掠奪はまんまと成功したのである。

Junius と名づけられた。英語の六月《ジューン》はこれに由来する。

余談になるが、英語の「英雄《ヒーロー》」hero はユーピテルの正妻ユノーにあたるギリシャ神ヘーラーの男性形が語源であるといわれる。ユーピテルは、カッコウに姿をかえて、美しい花に飾られた新しい床が待っているユノー《ジューン》のもとを訪れたといわれるが、これがいわゆる、「六月の花嫁《ジューン・ブライド》」June bride の始まりなのである。

「二月《フェブルアリー》」の由来

サビニの娘たちは、ローマ兵に掠奪され、無理やりに結婚させられながらも、身をなげうってローマとサビニの平和をもたらした。その行動は時代をこえて女性のいじらしいほどの心根を伝えている。ロムルスの死後、その後継者となった皇帝ヌマ・ポンピリウスが、サビニの若い娘たちに深く心を傷めたとしても、決して不自然ではない。

皇帝は、ローマの犯した過去のいたましい罪をつぐなうため、贖罪の神フェブルウス Februus をまつり、二月十二日に「フェブルアリア」Februalia という祭をもよおして、犯した罪の償いをし、サビニ戦争の戦死者たちの霊をなぐさめたという。

フェブルアというのは、もともと〝罪をつぐない浄める期間〟という意味のラテン語であるが、のちにフェブルウス Februus は死者をつかさどる神ともなり、冥界の神ディス・パテル（ギリシャ神ハーデス）と同じ神とみなされ、冥界の王となった。

皇帝ヌマが「ヌマ暦」につけ加えたフェブルアリウスは、贖罪の神フェブルウスに捧げた月であり、英語その他の「二月《フェブルアリー》」の語源にもなっているのである。

ちなみにドイツ語でも、二月のことをフェブルアリウスからとってフェブルアールFebruarというが、民族色の豊かな表現として、ホルヌングHornungといういいかたがある。

“隅っこ”の月とは

ホルヌングとは、「隅っこ」「分け前の少ないもの」という意味の言葉で、確かにかつてのロムルス暦などでも「二月《フェブルアリウス》」は、一年の終わり、つまり“端っこ”につけ加えられていたし、二十八日という“分け前の少ない”月であった。

ヌマ暦で年頭のほうに移されてからも二月は冷遇されて、次章で述べるように、妙な閏月やら閏日やらが割りこんでくる“隅っこ”的な期間だった。まさしく生きたドイツ語の二月《ホルヌング》という言葉ほど、その間の事情をみごとに表現しているものはないといってよい。

「一月《ジャニュアリー》」の由来

英語の「一月《ジャニュアリー》」は、ローマの神ヤヌスに捧げられた月「ヤヌアリウス」Januariusからきた言葉であるが、ヤヌスが一月をつかさどるようになったことについても、それなりの理由がある。

ローマは戦い取ってつくられた国である。そのため領土を国家の最高の財産として、その出入り口となる門には、たいへん象徴的な意味がこめられていた。ヤヌスは門の神として、ローマの鍵をもち、戦時には扉を開き、平時には閉じるとされ、二つの顔《ビフロンス》をもって前方と後方とを同時に向き、敵と味方に睨みをきかせ、つねに過去と未来を見定めている神であった。また、すべての行動の始まりをつかさどる神でもあったから、「神のなかの神《ディウォム・デウス》」として、ヌマ暦では、はじめ年頭の月をつかさどるのは軍神マルスの手に委ねられたが、春分を年初としないようになると、ヤヌスが年のはじめの一月をつかさどることになった。

「四月《エイプリル》」と「五月《メイ》」の由来

さて、英語の四月《エイプリル》April の語源「アプリリス」Aprilis というのはどんな月だろうか。このラテン語の周辺を眺めてみると、「開ける《アペリオー》」(覆いをとる) aperio とか「日当りのいい《アペリクス》」といった言葉が並んでいる。つまりアプリリスというのは、暗く寒い冬があけて、太陽がよく当たる月というイメージがあったと考えてよい。暖かい春であり、動植物が寒い冬から解放されて、太陽をもとめて動きだし、野山が緑の芽をふき、美しく花開くときである。

しかし、じつはアプリリスあるいは四月《エイプリル》というのは、美と豊穣の女神アプロディテーAphrodite の月なのである。この女神はローマ神話のウェヌス Venus のことで、私たちは愛と美の女神ヴィーナスとして親しんでいるが、このアプロディテーにも、出生をめぐって面白いエピソードが伝えられている。

ギリシャ語で泡のことをアプロスというが、アプロディテーは、海辺を洗う波の白い泡のなかから生まれたとされている。それも、ただの泡ではない。ギリシャの天空の神ウラノスの切りとられた陽根が海へ落ちて潮に運ばれているあいだに、そのまわりに寄ってきた泡なのである。

天空の神ウラノスは、母なる大地の神ガイアに生ませた子供があまりに醜かったため、地底に閉じこめたが、子供を不憫《ふびん》に思ったガイアの復讐にあって、陽根を切り落とされたのである。

地中海の白い泡から生まれたアプロディテーは、季節の女神たちの手で美しい衣を着せられ、彼女の歩くところには花が咲き、緑草が育ったといわれている。まさに花ひらく四月である。

トロイ戦争はアプロディテーの美しい容姿が原因で起こったという話もあるが、それほどの美神が醜いヘーパイストスの妻になったのは、ゼウスの悪戯だったのかもしれない。そういえば、軍神アレース（ローマ神マルス）と浮気をして、例の矢をつがえた弓をもつ可愛らしいクピドーを生んだというのも、いかにも地中海的な風土を思わせる。

英語の「五月《メイ》」は、豊穰の女神マイア Maia に捧げられた月「マイウス」Maius からきた言葉である。もともとマイアは、春の豊かなみのりをつかさどるローマ独自の農業神であったが、いまではギリシャ神アトラスの娘マイアと混同されて、同一神になっている。

英語で現在使われている十二ヵ月を中心に話を進めてきたが、そのもとは、すべてローマの暦であり、その月名もロムルス暦にはじまって、ヌマ暦、ユリウス暦と部分的に改められながら、グレゴリオ暦に引き継がれたのである。

	ラテン語	英語	オランダ語	デンマーク語 ノルウェー語	スウェーデン語	ドイツ語
1月	Januarius	January	januari	januar	januari	Januar
2月	Februarius	February	februari	februar	februari	Februar
3月	Martius	March	maart	marts	mars	März
4月	Aprilis	April	april	april	april	April
5月	Maius	May	mei	maj	maj	Mai
6月	Junius	June	juni	juni	juni	Juni
7月	Julius	July	juli	juli	juli	Juli
8月	Augustus	August	augustus	august	augusti	August
9月	September	September	september	september	september	September
10月	October	October	oktober	oktober	oktober	Oktober
11月	November	November	november	november	november	November
12月	December	December	december	december	december	Dezember

	フランス語	イタリア語	スペイン語	ポルトガル語	ハンガリー語	ロシア語
1月	janvier	gennaio	enero	janeiro	január	январь
2月	fébrier	febbraio	febrero	fevereiro	február	февраль
3月	mars	marzo	marzo	março	március	март
4月	avril	aprile	abril	abril	április	апрель
5月	mai	maggio	mayo	maio	május	май
6月	juin	giugno	juño, junio	junho	június	июнь
7月	juillet	luglio	julio	julho	július	июль
8月	août	agosto	agosto	agôsto	augusztus	август
9月	septembre	settembre	septiembre	setembro	szeptember	сентябрь
10月	octobre	ottobre	octubre	outubro	október	октябрь
11月	novembre	novembre	noviembre	novembro	november	ноябрь
12月	décembre	dicembre	deciembre	dezembro	december	декабрь

	インドネシア語	現代ギリシャ語	フィンランド語	ポーランド語	ドイツ語の別称
1月	Januari	'Ιανουάριος	tammikuu	stycyeń	Hartung, Eismond（氷の月）
2月	Pebruari	Φεβρουάριος	helmikuu	luty	Hornung, Reinigungsmonat（清めの月）
3月	Maret	Μάρτιος	maaliskuu	marzec	Lenzmonat（春の月） Marsmonat
4月	April	'Απρίλιος	huhtikuu	kwiecień	Ostermonat（復活祭月） Wandelmonat
5月	Mei	Μαιος	toukokuu	maj	Wonnemonat（歓喜の月）
6月	Juni	'Ιούνιος	kesäkuu	czerwiec	Brachmonat（休閑の月） Brachet
7月	Juli	'Ιούλιος	heinäkuu	lipiec	Heumonat（乾草の月） Heuert
8月	Agustus	'Αύγουστος	elokuu	sierpień	Erntemonat（収穫の月）
9月	September	Σεπτέμβριος	syyskuu	wrzesień	Herbstmonat（秋の月）
10月	Oktober	'Οκτώβριος	lokakuu	październik	Weinmonat（ワインの月）
11月	Nopember	Νοέμβριος	marraskuu	listopad	Windmonat（風の月）
12月	Desember	Δεκέμβριος	joulukuu	grudzień	Christmonat, Wintermonat（冬の月）

	アラビア語	ヒンディー語（第一の月～第十二の月の意）	ヘブライ語（年初は三月中旬）
1月	يناير《ヤナーイル》	चैत《チャイトウ》	ניסן《ニサン》
2月	فبراير《フイブラーイル》	बैसाख《ヴァイサーク》	אייר《イツヤル》
3月	مارس《マーリス》	जेठ《ジエトウ》	סיון《シワン》
4月	إبريل《イブリール》	असाढ़《アサール》	תמוז《タンムズ》
5月	مايو《マーユー》	सावन《サヴアン》	אב《アブ》
6月	يونيو《ユーニユー》	भादों《バードー》	אלול《エルル》
7月	يوليو《ユーリユー》	क्वार《クヴアール》	תשרי《テイシユリ》
8月	أغسطس《ウグストウス》	कार्तिक《カーテイク》	מרחשון《マルヘシユワン》
9月	سبتمبر《シブタンバル》	अगहन《アガハーン》	כסלו《キスレウ》
10月	أكتوبر《ウクトウバル》	पूस《プス》	טבת《テベツテ》
11月	نوفمبر《ヌーフアンバル》	माघ《マーグ》	שבט《シエバツト》
12月	ديسمبر《ディーサンバル》	फागुन《ファーグン》	אדר《アダル》

	《ビルマ暦》（奇数月が30日、偶数月が29日、年初はだいたい四月ごろ）	《イスラム暦》（イスラム・センターの暦による）	《イラン暦》（一〜六月は31日の月、七〜十一月が30日、十二月は29日、年初は春分）
1月	တန်ခူး《ダグー》	محرم（〔戦争〕禁止の月《ムハッラム》）	فروردين《ファルヴァルディーン》
2月	ကဆုန်《カソング》	صفر（〔戦で〕空虚の月《サファル》）	ارديبهشت《オルディベヘシュト》
3月	နယုန်《ナヨング》	ربيع الاول（春　の　月《ラビーウルアウワル》）	خرداد《ホルダード》
4月	ဝါဆို《ワーゾー》	ربيع الثاني（春　の　月《ラビーウッサーニー》）	تير《ティール》
5月	ဝါခေါင်《ワーガウング》	جمادى الاول（寒　い　月《ジュマーダルアウワル》）	مرداد《モルダード》
6月	တော်သလင်း《トーサリング》	جمادى الثاني（寒　い　月《ジュマーダッサーニー》）	شهريور《シャハリーヴァル》
7月	သီတင်းကျွတ်《ザーディングキュー》	رجب（神聖な月《ラジャブ》）	مهر《メフル》
8月	တန်ဆောင်မုန်း《ダザウングモーング》	شعبان（預言者の月《シャアバーン》）	آبان《アーバーン》
9月	နတ်တော်《ナドー》	رمضان（断食月《ラマダーン》）	آذر《アーザル》
10月	ပြာသို《ピャーゾー》	شوال（尾の月《シャウワール》）	دى《デイ》
11月	တပို့တွဲ《ダボドウエー》	ذى القعدة（女性の月《ズルカイダ》）	بهمن《バハマン》
12月	တပေါင်း《ダバウング》	ذى الحجة（巡礼月《ズルヒッジャ》）	اسفند《エスファンド》

	タイ語（コムは31日の月、ヨンは30日の月の語尾）	マライ語（第一〜第十二の月の意）	中国語（現代では日本と同じ）	朝鮮語（韓国語）（十一月を冬至月とも）	日本
1月	มกราคม（竜の月）《モッカラーコム》	bulan satu	大簇《たいそう》	일 월《イルウオル》	睦月《むつき》（睦みの月）
2月	กุมภาพันธ์（水瓶の月）《クンパーパン》	〃 dua	夾鐘《きょうしょう》	이 월《イーウオル》	如月《きさらぎ》（草木の生《き》更ぐ月）
3月	มีนาคม（魚の月）《ミーナーコム》	〃 tiga	姑洗《こせん》	삼 월《サムウオル》	弥生《やよい》（いや生いの月）
4月	เมษายน（牡羊の月）《メサーヨン》	〃 ĕmpat	仲呂《ちゅうりょ》	사 월《サーウオル》	卯月《うづき》（卯の花の月）
5月	พฤษภาคม（牡牛の月）《プルッサパーコム》	〃 lima	蕤賓《すいひん》	오 월《オーウオル》	皐月《さつき》（早苗の月）
6月	มิถุนายน（双子の月）《ミートゥナーヨン》	〃 ĕnam	林鐘	유 월《ユーウオル》	水無月《みなづき》（梅雨後の水涸れ月）
7月	กรกฎาคม（蟹の月）《カラックカーダコム》	〃 tujoh	夷則《いそく》	칠 월《チルウオル》	文月《ふみづき》（星に詩歌をささげる月）
8月	สิงหาคม（獅子の月）《スインハーコム》	〃 dĕlapan	南呂	팔 월《パルウオル》	葉月《はづき》（葉が落ちる月）
9月	กันยายน（乙女の月）《カンヤーヨン》	〃 sĕmbilan	無射《むえき》	구 월《フーウオル》	長月《ながつき》（夜長月）
10月	ตุลาคม（天秤の月）《トゥラーコム》	〃 sa-puloh	応鐘	시 월《シーウオル》	神無月《かんなづき》（神が出雲へあつまる月）
11月	พฤศจิกายน（さそりの月）《プルッサチカーヨン》	〃 sa-bĕlas	黄鐘	십일월《シツビルウオル》	霜月《しもつき》（霜ふり月）
12月	ธันวาคม（射手の月）《タアンワーコム》	〃 dua-bĕlas	大呂《たいりょ》	십이월《シツビーウオル》	師走《しわす》（法師が読経に走る月）

第六章　「グレゴリオ暦」への道

閏年《うるうどし》「ビセクスタイル」の科学

ヌマ暦は、一年が三百五十五日からなる暦であったが、月の運行に合わせてつくった太陰暦のため、太陽の実際の動きとは一年間にかなりのくるいが生じてきた。地球は、約三百六十五日（真の太陽年は三百六十五・二四二一九八七九日、約三百六十五日五時間四十八分四十六秒）で太陽のまわりを一周するから、ヌマ暦とは一年で十一日の差が生じることになった。

それゆえ、ヌマ暦はしだいにずれてきて、気候の移りかわりと合わなくなった。そこで二年ごとに、交互に二十二日と二十三日の閏月を加えれば、季節との調和がとれるとして、閏月の制度が採用されることになった。

この閏月を「メルケドニウス」Mercedonius という。merces《メルケス》とは先にもいったように「報酬」「利子」という意味で、つまりは「清算月」ということである。当時のローマでは、すべての借金は年末に支払う慣わしであったため、年末の意をこめて清算月といったのだろう。

二十二日と二十三日の閏月《メルケドニウス》が二年ごとに交互にあると、四年間で四十五日間、年平均十一・二五日となるため、ヌマ暦の年平均日数は 355＋11.25＝366.25 日となって、太陽年の三百六十五・二五日とは二十四時間ちがうだけとなり、気候のずれがほぼ解消できることになった。

さて、前に述べたように、ヌマ暦が改められて、ヤヌアリウスが一月になったものの、それはあくまでも政治上の、公の暦の上のことであって、一般のローマ人は、あいかわらずかつての正月マルティウスから一年が始まり、かつての最終月フェブルアリウスをもって終わるものと思っていたようである。

ローマ帝国は戦争によってつぎつぎと版図をひろげていったが、ローマ人は、帝国を守ってくれるのは国境をつかさどる神テルミヌス Terminus であると信じていたから、テルミヌスに最大の尊敬と感謝をこめた祭を行っていた。この祭はテルミナリア Terminalia といい、年末第十二月《フェブルアリウス》の二十三日に盛大に行われた。そして、現在でも終点や終着駅をターミナル terminal というように、この国境《ターミナス》の守護神に生贄《いけにえ》をささげて、一年の無事と国家の隆盛を感謝する祭が幕を閉じたときに一年が終わる、と考えられていたのである。こうした盛大な祭に結びついた最終月のイメージがかんたんに消えるわけはなく、二月《フェブルアリウス》が年末という気持が定着していたのは、ごく自然な感情であったといえよう。

それゆえ閏月《うるうづき》をどこへ入れるかについても、テルミナリアに年末のイメージが強かったために、閏月は自然この大祭の直後につけることになった。

こうして閏月は二月二十三日の翌日から一日、二日とはじまり、二十二日か二十三日たって閏月が終わると、暦はふたたび二月に戻って二十四日、二十五日とつづいたのである。

　ところでローマの暦では、一ヵ月のなかに月の形状の変化にしたがって区切りを設け、月の朔日《ついたち》を「カレンダエ」calendae、上弦の月に当たる日を「ノナエ」nonae、満月の日を「イドゥス」idusと呼んだ。そして暦の日を読むときには、この三つの日を基点にして、そこから何日前というかたちで呼んでいた。二月を例にとると、二月はノナエが五日、イドゥスが十三日、テルミナリアが二十三日であるから下の表のようになる。

　これは英語で「二時五十分」というとき、「三時十分前 It's 10 minutes to 3.」という表現をするのと同じ感覚だといってよい。

　そういえば、千円札で八百円のケーキを買ったとすると、ヨーロッパ人は収入と支出のバランスシートを頭に描いて、支出は千円、収入は八百円

†古代ローマでの日の数えかた

ローマでは、一ヵ月が三十一日の月の七日をノナエ、十五日をイドゥスと呼び、これを基準に日を数えた。他の月では五日と十三日がノナエとイドゥスになった。例えば、

2月1日	「カレンダエ」
2日	ノナエ　四日前
4日	ノナエ　二日前
5日	「ノナエ」
6日	イドゥス　八日前
12日	イドゥス　二日前
13日	「イドゥス」
14日	テルミナリア　十日前
22日	テルミナリア　二日前
23日	「テルミナリア」
	メルケドニウス　一日～
	メルケドニウス　二十二日
24日	三月カレンダエ　六日前
2月末日	三月カレンダエ　二日前
3月1日	「カレンダエ」

のケーキとお釣りだと考え、八百円にお釣りを足していって合計千円になるように釣りを貰うようである。つまり私たちとヨーロッパ人の計算法のちがいは、1000－800＝200と1000＝800＋200のちがいだといえる。いうなれば引き算と足し算という、数にたいする基本姿勢のちがいということになる。

しかも、私たちなら、このローマ式の「二日前」という呼びかたはせずに、「一日前」とするところであろう。

ロケット打ち上げの秒読みのさいにも、“… three, two, one, zero!”とアナウンスが入るが、このゼロが私たちと感覚がちがうところである。私たちの場合は「一、二の、三」の三の瞬間にスタートするのに、ヨーロッパ人は「三、二、一」となって、さらにゼロで発進する。出発点も計算に入れるのがヨーロッパ人の特色で、私たちの数の概念とはちがうところといえよう。この秒読みを一つずつ平行移動させると、さきほどの前へ向かって日を数える数えかたと一致してくることがおわかりいただけると思う。

また、イドゥスの九日前がノナエであることは説明したが、二月を例にとればイドゥスは十三日、ノナエは五日であるから、ローマ流にイドゥスそのものを一日（前）と計算すると、ちょうど九日前となるわけである。

さて、閏月《メルケドニウス》を設けて、季節と暦日とのずれを調整するように定めてはあったものの、暦をつかさどるローマの政治家たちは、自分たちの勝手な都合で、閏月を置いたり置かなかったりという、いいかげんな暦を人民に押しつけていた。多くの借財をかかえた政治家にとっては、閏月を設ければ、その日数だけ清算時期がのびるので、資金ぐりが楽になるし、政敵や更迭したい政客の任期を早めて政界から追放するには、閏月を省略するほうがいい。閏月は、ローマの為政者によって適当に利用され、というか悪用され、省略されるほうが多いという運命をたどったらしい。

こうしてせっかくの閏月暦も、カエサルの時代には暦日がなんと三ヵ月以上ずれていたのである。

†歴史上いちばん短い年

紀元前四六年の「乱年」は一年が四百四十五日もあったが、史上最短の一年はイギリスの歴史のなかに見られる。

英国では、十四世紀から一年の初めを三月二十五日のマリアの受胎告知日としていた。そのため、このユリウス暦（アウグストゥス暦）をグレゴリオ暦に改めるにあたって、一七五二年に英国は、九月二日の翌日を九月十四日として、十一日間を暦の上から省いたばかりでなく、十二月三十一日の翌日から三月二十四日（当時の年末）までの八十四日間も省略して、三月二十五日を一七五三年一月一日とした。こうして二百七十一日の年が生まれた。

「ユリウス暦」について

シェイクスピアの戯曲などでもよく知られているユリウス・カエサル Julius Caesar（シーザー、前一〇二年七月生まれ）は独裁者として、あらゆる権力を手中におさめたが、カエサルも暦には大いに関心があったらしく、一年三百六十五日の暦をつくった（前四六年）。この暦がいわゆる「ユリウス暦」である。

カエサルはまず、季節と暦日とを一致させることから改革を始めた。とにかく、暦日が三ヵ月もずれているのでは話にならない。そこで、二十三日間の閏月をテルミナリアの直後に割りこませるだけでは収まらず、新たに十一月と十二月との間に六十七日間の第二閏月を置いたため、紀元前四六年という年は、実に四百四十五日という一年になった。いかに悠長だといわれた当時のローマ人でも、さすがに混乱したのだろう。この年を「乱年」annus confusionisと名づけている。しかし、乱れていたのはそれ以前の百年なので、その乱れを修正した年という意味で、むしろ「修正年」とでも呼ぶほうが、ローマの神殿の地下に眠るカエサルも満足するのではないか。

カエサルはついで、ヤヌアリウスを年初として正式に守るように定めた。これまでも政治的な公の場では、すでに定められてはいたが、一般市民は長い習慣から脱けだすことができず、一月のほかに三月マルティウスもいわゆる旧正月として共存していたのである。しかしユリウス暦によって、正式に一月《ヤヌアリウス》が年初ときまり、これが現在私たちが使っている暦の年初が定まった最初となった。したがってSeptemberが正式に九月となったのもこれからなのである。

そのつぎにカエサルは、一年を三百六十五・二五日と定め、平年を三百六十五日として、別表（一三四ページ）のように、各月の日数を改めた。

すなわち奇数月を三十一日とし、偶数月を三十日にしたのである。偶数日を忌み嫌うローマ人の風習を打ち破って三十日の月をつくったのは、まさに独裁者カエサルならではのことだろう。

ただし、もともと日数の少なかった二月は少ない月として据え置かれ、二十九日と定められている。

ところでカエサルは、一年を三百六十五・二五日ときめたために、四年ごとに一日の閏日を入れて、一年三百六十六日の閏年を設けた。こうすることによって、四年間で一日の増加となり、平均三百六十五・二五日という、現在の太陽年に極めて近い暦が誕生することになった。

はじめカエサルは、二月《フェブルアリウス》末日に閏日を置こうとしたらしいが、テルミナリアを年末とする慣習があまりにも根強かったのと、軍神の月、三月《マルティウス》の前日という目立つ時期に閏日が入るのは面白くなかったのであろう。奇数尊重の慣習を打ち崩した権力者カエサルも、民衆の長い伝統の前に屈して、結局、閏日は閏月《メルケドニウス》の場合と同じように、テルミナリアの二十三日と翌二十四日との間にはさみこむことにしたのである。

これまでのところでもおわかりのように、古代ローマの為政者たちは、自らの功績や名声を後世に残すには暦に限ると思っていたらしく、カエサルも例外ではなかった。自分が誕生した七月「キンティリス」を自分の名前にちなんで「ユリウス」Julius と改名してしまったのである。これが現在の英語の July や仏語の juillet の語源であるが、太陰太陽暦を廃して太陽暦を導入した功績者のカエサルも、ブルータスの裏切りにあって、非業の死を遂げることになる（前四四年）。

1月	Januarius（ヤヌアリウス）…………	31日
2月	Februarius（フェブルアリウス）……	29日
3月	Martius（マルティウス）……………	31日
4月	Aprilis（アプリリス）…………………	30日
5月	Maius（マイウス）……………………	31日
6月	Junius（ユニウス）……………………	30日
7月	Julius（ユリウス）……………………	31日
8月	Sextilis（セクスティリス）…………	30日
9月	September（セプテンベル）…………	31日
10月	October（オクトーベル）……………	30日
11月	November（ノヴェンベル）…………	31日
12月	December（デケンベル）……………	30日
1年	………………………………………	365日

ユリウス暦

アウグストゥスの改暦

カエサルの死後、暦をつかさどる為政者のなかには、ユリウス暦の閏年の置きかたを間違えるものが出たため、暦日と季節とが正しく合っていたユリウス暦は、三十年間に三日の余計なずれが生じ、一年が三百六十八日になってしまっていた。これは当時の計算のしかたに問題があるわけで、「四年ごとに」という意味を、ローマ流にその年も勘定に入れて考えたために、実質的には「三年ごとに」という解釈となり、三年ごとに閏年を置いた時期があったからである。

さて、カエサルの遺言で帝国を再興した妹の孫アウグストゥスは、暦の三日のくるいをユリウス暦への最大の冒瀆とばかりに、紀元前六年から西暦四年までの十年間に三回、閏年を省略し、さらに西暦八年からユリウス暦の規定通り、四年ごとに閏年を置いた。

こうして暦日はふたたび太陽の運行と一致するようになったが、アウグストゥスはやがてユリウス暦を墨守するだけでは飽きたらなくなったのであろう。彼も改暦に手を染めることになる。

ユリウス暦を見ると、一月から六月までは、ローマにとって重要な神の名前が並んでいる。ところが七月には、大叔父カエサルの名前ユリウスがつけられている。それにあやかって、自分も暦に名を残そうとしたのか、彼はトラキア、アクティムの戦いに勝利をおさめた八月「セクスティリス」の月名を、戦勝記念という大義名分の下に「アウグストゥス」Augustus と変えてしまう。

1月	ヤヌアリウス	31日
2月	フェブルアリウス	**28日**
3月	マルティウス	31日
4月	アプリリス	30日
5月	マイウス	31日
6月	ユニウス	30日
7月	ユリウス	31日
8月	**Augustus**（アウグストゥス）	**31日**
9月	セプテンベル	**30日**
10月	オクトーベル	**31日**
11月	ノヴェンベル	**30日**
12月	デケンベル	**31日**
1年		365日

アウグストゥスの改暦（太字はユリウス暦とのちがい）

しかも、皇帝である自分の月が他の月より日数が少ないのは皇帝の権威にかかわるといって、八月《アウグストゥス》を三十一日に格上げし、その代わりに二月を二十八日に切りつめたのである。その結果、七月、八月、九月と三十一日の月が三ヵ月つづくようになってしまった。アウグストゥスは、七月「ユリウス」が大叔父の月で、八月は自分の月だから、手をつけないかわりに、大の月と小の月が交互にくるように、九月を三十日とし、十月三十一日、十一月三十日、十二月三十一日と一日ずつ増減して、上の表のように定めた。

私たちが現在も一般によく使う「二四六九《にしむく》 士《さむらい》」という言葉のもとは、実はアウグストゥスが自分の名前を八月に冠せた改暦にあったわけである。奇数月が大の月という、せっかく整然としていた暦を、思えばアウグストゥスも余計なことをしたものである。

英語で閏年のことを bissextile というが、leap year ぐらいならともかく、あまり見慣れない言葉である。おわかりのように bi は二を意味し、sex は六のことだから、閏年というのはどうやら二と六に関係がありそうである。

アウグストゥスは、二月を二十八日とし、閏年にはユリウス暦にきめられた通り、四年ごとに二月二十三日と二十四日の間に「閏日《リープ・デイ》」を入れた。ところで、この二月二十四日というのはローマ流に呼ぶと、「カレンダエ六日前」ということになる。

それゆえ、その前に入る閏日は、「もう一つの六日前」という意味で「二度目の六日前」bisextum と呼ばれたのである。そしてその「二度目の六日前のある（年）」という形容詞が英語に残って「閏　年《ビセクスタイル》」の意味で使われているというわけである。

暦をゆり動かす余震はその後もつづく。

世界に冠たるローマ帝国の皇帝となったアウグストゥスの没後、二代目の皇帝となった、養子のティベリウス Tiberius も、側近から十一月を「ティベリウス」と改称して暦にその名を残すよう進言された。しかし、ティベリウスは、「皇帝が十三人になったらどうするのか」といって、進言をしりぞけたという。

悪名轟く第五代ローマ皇帝ネロ Nero も、四月を「ネロネウス」Neroneus と改めたが、ネロの死後ただちにもとの四月《アプリリス》に戻されている。

また九代目の皇帝ドミティアヌス Domitianus は、自分を神格化して、「余は主《ドミヌス》であり神《デウス》である」と称し、皇帝および皇帝像には跪《ひざまず》いて礼拝するよう強要し、従わない者は遠慮会釈なく殺したといわれる。旧約聖書の『ヨハネ黙示録』のなかに「獣」と書かれた暴君であるが、そのドミティアヌスも先例にならって、十月を自分の名前に改めている。それだけではなく、彼は九月を「ゲルマニクス」Germanicus と改称したのである。

閏　年	
2月23日	テルミナリア
閏　日《ビセクストゥム》	カレンダエ 2度目の6日前
24日	カレンダエ6日前
25日	〃　5日前
26日	〃　4日前
27日	〃　3日前
28日	〃　2日前
3月1日	カレンダエ

閏日 bisextum の数えかた

ゲルマニクスというのは、これも暴君として知られる第三代皇帝カリグラ Caligula のことである。ドミティアヌスはこのカリグラを敬愛していたので、その本名を暦に残そうとしたわけである。余談になるが、カリグラというのはニックネームで、彼は皇帝になっても、あいかわらず兵士の服装に小さな靴 caliga といういでたちで、指揮をとっていた。そのため、兵士たちから秘かに「小さい靴《カリガ》」と呼ばれるようになり、それが後に「カリグラ」となって歴史に残ったといわれている。

紀元前27～後14	**アウグストゥス**
後14～後37	ティベリウス
37～41	**カリグラ**
41～54	クラウディウス
54～68	**ネロ**
68～69	ガルバ
69～79	ウェスパシアヌス
79～81	ティトゥス
81～96	**ドミティアヌス**
96～98	ネルヴァ
98～117	トラヤヌス
117～138	ハドリアヌス
138～161	アントニヌス・ピウス
161～180	マルクス・アウレリウス
180～192	**コンモドゥス**

歴代ローマ皇帝（太字は改暦した皇帝）

もちろん九月、十月の名称が変わったのはドミティアヌスの存命中だけで、彼の死後、ふたたびもとの名に戻されたことはいうまでもない。

もう一人、十五代目の皇帝コンモドゥスCommodusも、暦について語るときには落とすわけにいかない。彼は「自分こそローマのヘラクレスである」と僭称《せんしょう》し、勝手に十二ヵ月全部を自分の名前とその敬称だけに変えてしまったのである。

もちろん、これも彼の死後ただちに取り消されたが、かりに「カリギュラリー」とか「ネロナリー」などという月名が残ったとしたら、ほんとうにたまったものではない。現代になってからも「ヒットラリー」とか「スターリナリー」と変えかねない独裁者がいたが、どうせ変えるなら、世界の美女の名前を冠せるほうが気がきいているかもしれない。読者諸賢もおひまのおりに「マリリナリー」などと考えてごらんになると、ストレス解消になるかもしれない。

話が脱線したが、ローマの皇帝たちが競って暦に名前を残そうとしたなかで、結局、現代に生き残ったのは、ユリウス暦の創始者でもあるユリウス・カエサルと、神聖名も高いローマ皇帝アウグストゥスの名前にすぎない。

アウグストゥスが定めた十二ヵ月の名称は、西欧世界を中心に多くの国々に伝わって、各国語の十二ヵ月の語源として今も脈々と生きているのである。

「グレゴリオ暦」のしくみ

ユリウス暦は、おわかりのように一年の長さを三百六十五・二五日と定めた。しかし一太陽年は三百六十五・二四二一九八七九日であるから、ユリウス暦では一年間に〇・〇〇七八〇一二一日（約十一分十四秒）ずつ、実際の太陽の運行よりも暦日のほうが長くなっていた。この誤差は百二十八年たつと、ほとんど二十四時間、つまり一日に近くなる。

$$(-365.24219879+365.25)\times 128=0.99855488\fallingdotseq 1$$

ということは、百二十八年たてば暦日のほうが一日早くなるということを意味している。

そもそもローマ人の暦の発想には、「年の初めは昼夜の長さが同じになる春分から」という考えがあったので、暦の上で月の順序や呼びかたをいろいろ変えはしても、「春は春分から始まる」という発想はずっと根強く生きていた。これは、テルミナリアをもって年末と考える風習をカエサルすら変えられなかったのを見てもわかるであろう。

さらに西暦四世紀、皇帝コンスタンティヌス一世のときに、ローマがキリスト教を国教としてから、キリストの蘇りを祝うキリスト教最大の祭「復活祭」が、ローマ人にとってはこれまた春分と同じく一年のたいせつな節目となった。

ところが、コンスタンティヌスは、西暦三二五年に、復活祭をつぎのように決定した。「復活祭は、春分をすぎたあとにくる最初の満月後の最初の日曜日とする」（ニカイヤのキリスト教会議）

現代でも復活祭の日どりは、会議の決定どおりに三月二十二日から四月二十五日までの間の「移動祝日」となっている。しかもキリスト教の行事は、ほとんどが復活祭を基準に決められている。

そのうえ春分は、「三月二十一日」と決められた。昼と夜の長さが等しくなる日を、三月二十一日と暦の上で決定してしまった。それも一日に十一分十四秒誤差のあるユリウス暦の上で決定したのである。

さて時は流れて、十六世紀、ローマ教皇グレゴリウス十三世 Gregorius XIII の時代へ飛ぶ。

ユリウス暦の日差十一分十四秒は積もり積もって、十六世紀には誤差が十日あまりになっていた。そのため暦の上で三月二十一日にくるべき春分が、実際には三月十一日になっていた。暦の上での春分より十日も早く、昼夜の同じくなる日がきてしまうのだ。キリスト教会議の場で、公に「春分は三月二十一日」と決められた以上、このくるいを放置しておくわけにはいかない。春分の日を正しい暦日に固定しておく必要があるのは当然で、キリスト教そのものの権威にもかかわる。グレゴリウス十三世は英断を迫られた。

グレゴリウス十三世が下した英断というのはこうである。一五八二年十月四日の翌日を十月十五日として、そのあいだの十日間を暦から省いてしまったのである。その結果、歴史の上で一五八二年十月五日から十四日までの日付は存在しなくなった。

こうして、春分はふたたび三月二十一日に巡ってくるようになった。しかしこのまま放っておけば、またぞろ十一分十四秒がものをいって、春分のずれを繰り返すのはわかりきったことである。そこでグレゴリウスは閏年のきまりをつぎのように改めた。

「西暦年が四で割りきれる年を閏年とする。ただし、西暦年が百で割りきれても、四百で割りきれないときは平年とする。

閏日は二月二十八日の翌日二月二十九日とする」

これがいわゆる「グレゴリオ暦」である。

これは、四年ごとに閏年がくる点ではユリウス暦と変わりがないが、四百年間に三回、閏年を省くという点が新しい発想といえる。

例えば西暦一九〇〇年は百で割りきれるが、四百では割りきれないので、ユリウス暦では閏年だったのが、グレゴリオ暦では平年になる。同じように西暦二〇〇〇年は、百で割りきれ、四百でも割りきれるから、グレゴリオ暦でも閏年となるわけである。

これはかんたんにいえば、グレゴリオ暦では「四百年間に九十七回閏年を設ける」ということになる。つぎにそのグレゴリオ暦のしくみをちょっと調べてみよう。

まずユリウス暦のように四年ごとに閏年を置いたのでは、一年が三百六十五・二五日となって、一太陽年よりも長くなる。そこでグレゴリオ暦では但し書きをつけて、閏年に当たっていても、四百で割りきれない年は平年にした。すなわち、四百年間に閏年が百回あったのを九十七回に減らしたわけである。こうすると平均は、

$$\frac{(365\times303)+(366\times97)}{400}=365.2425$$

となって、一太陽年に近づいてくる。これがグレゴリオ暦の原点である。

これでグレゴリオ暦は真の太陽の運行とくるいがなくなったかというと、一太陽年は三百六十五・二四二一九八七九日であるから、グレゴリオ暦との差はまだ〇・〇〇〇三〇一二一日だけある。つまり暦のほうが太陽の運行よりも一年間に約二十六秒だけ早く進むことになる。

もちろん年間二十六秒のずれも、$0.00030121\times3319=0.99971599\fallingdotseq1$という計算の通り、三千三百十九年たてば、ほぼ一日の誤差になる。しかも、かりに一五八三年に春分が三月二十一日に一致しているとすれば、西暦四九〇二年になって初めて一日の誤差が生じるという程度であるから、まずは当分安心して使えるといってよい。

このグレゴリオ暦は、現在世界中で一般に使われている暦であるが、一五八二年に制定されてから、ただちに世界各国に伝わって採用されたわけではない。

グレゴリオ暦は、ローマ教皇によって改正された暦ということで、イタリア、フランス、スペイン、ポルトガルや、オランダ、ポーランド、ハンガリーなどのカトリック教国にはす

ぐに採用されたが、プロテスタントの国々では最初、宗教的な反発のために拒否されている。

イギリス、スウェーデン、デンマークなどがグレゴリオ暦を採用したのは二百年遅れの十八世紀後半である。ギリシャ正教の国々では、ユダヤとともに復活祭を祝うことにつながるとして、採用までに三百年の歳月を要している。しかし世界の情勢には勝てず、ソヴィエト、ギリシャ、トルコも採用するにいたり、中国でも一九一二年の辛亥革命から仲間入りしている。

日本はどうかというと、一八七二年十二月二日（明治五）の翌日を明治六年一月一日として、ユリウス暦を採り入れたが、それから二十七年後の一九〇〇年（明治三三）に初めてグレゴリオ暦を採用している。

風変わりな暦「イスラム暦」

世界には、グレゴリオ暦とは無関係にそれぞれ独自な暦を用いているところも多い。つぎにその代表的なものとして「イスラム暦」からご紹介しよう。

イスラム教は預言者マホメットによってひろめられた宗教で、アラーを唯一の絶対神とする宗教として知られる。またコーランを啓示の書としている、一日五回、メッカに向かって祈りをささげる、ラマダーン月に日の出から日没まで断食をするなどの厳しい戒律のあることはご存じの方も多いはずである。

イスラム暦は、マホメットが五十歳のとき神の啓示をうけたメッカからヤスリブ（後のメジナ）へ移った年を記念して、二代目カリフのウマルが西暦六二二年を「ヘジラ紀元」の元年として定めたものといわれている。

　このイスラム暦というのは純然たる太陰暦で、一年が三百五十四日からなり、奇数月は三十日、偶数月は二十九日となっている。また三十年間に十一回の閏年を定め、閏年には一年を三百五十五日として、年末に一日を加える。その十一回の閏年はどのように設けているかというと、ヘジラ紀年数を三〇で割った余りが二、五、七、十、十三、十六、十八、二十一、二十四、二十六、二十九のいずれかになる年というふうに定めている。

　これを数式にすると、つぎのようになる。ヘジラ紀年数をyとすると、

$$11y+14 \equiv R \pmod{30},\ 0 \leqq R < 11$$

となるようなyが閏年である。数式に強い方は試していただきたい。

　イスラム暦では、一年が三百五十四日で、大の月、小の月が六ヵ月ずつであるから、一ヵ月は平均二十九・五日となる。ところが月の真の朔望月は、二十九・五三〇五八八二日であるから、一ヵ月に〇・〇三〇五八八二日ずつくるいが生じてくる。三年もたつと、そのくるいは一・一〇一一七五日、つまりまる一日以上のずれになる。それゆえ、三十年間に十一日の閏年を設ければ、その誤差は三十年間で〇・〇一一七五日となって、ほとんど暦日と朔望月が一致することになるわけである。

　ヘジラ紀元年と西暦年との関係を数式であらわすと、つぎのようになる。いま、かりにへ

1月	ムハッラム	（戦いを）禁じる月	30日
2月	サファル	（戦いで）虚ろな月	29日
3月	ラビー・ウル・アウワル	春の月	30日
4月	ラビー・ウッ・サーニー	春の月	29日
5月	ジュマーダル・アウワル	寒い月	30日
6月	ジュマーダッサーニー	寒い月	29日
7月	ラジャブ	（マホメット昇天）神聖な月	30日
8月	シャアバーン	預言者の月，離散の月	29日
9月	ラマダーン	断食の月，暑い月	30日
10月	シャウワール	尾の月	29日
11月	ズル・カイダ	（戦いのない）安住の月	30日
12月	ズル・ヒッジャ	巡礼月	29日

イスラム暦

ジラ紀元年をＡＨ、西暦年をＡＤとすると、

$$AH=(AD-621.54)\div 0.970225$$

$$AD=(AH\times 0.970225)+621.54$$

となる。それゆえ、例えば右の数式のＡＤのところに一九八二を入れると、ＡＨは一四〇二となるから、西暦一九八二年はヘジラ紀元一四〇二年となることがわかる。

イスラム暦はグレゴリオ暦にくらべて、一年が十一日短いので、太陽年より十一日も早くつぎの年がくる。そのため断食月であるラマダーンは、三年で約一ヵ月のずれとなって季節を渡り歩くことになり、断食月が暑い夏になったり、寒い冬になったりすることがある。

また十一日のくるいは、三十三年たつと約一年になるから、イスラム教徒の六十六歳は私たちの六十四歳に当たることになる。

「イラン暦」とは

イランでは、西暦一九二五年に、長らく用いてきたイスラム暦を改めて、「イラン暦」を新たにつくり、現在、公用暦として使っている。イスラム暦は宗教行事にのみ使われているという。なお、一九七六年に紀元前五五九年を紀元元年とする帝国暦を採用したが、一九七八年から、ふたたびイラン暦に戻っている。このイラン暦もちょっと変わった構造をしているのでご紹介しておこう。

これも紀元元年を西暦六二二年と定め、イスラム暦と同じヘジラ紀元であるが、イスラム暦が太陰暦であるのにたいして、イラン暦は太陽暦である。

年初は春分の日、三月二十一日であるが、一ヵ月の日どりが面白く、前半六ヵ月は三十一日、後半は三十日で、十二月だけが二十九日からなっている。四年に一度閏年があり、その年には十二月を三十日としている。

なお月名は古代のペルシャ暦の呼びかたを踏襲したものである。第五章の一二五ページの図表をご覧いただきたい。

仏滅紀元と「ビルマ暦」

ビルマ（現ミャンマー）では西暦六三八年から正式にビルマ暦を使っている。外交的には西暦を採用しているが、国内ではビルマ暦が日常生活に用いられている。

紀元元年は紀元前五四四年と古く、仏教の開祖、釈迦の涅槃《ねはん》を記念して、その年を紀元としたもので「仏滅紀元」という。ただ、最近の研究によると、釈迦が涅槃に入ったのは紀元前三八三年が定説となっているようである。

ビルマ暦は純太陰暦で、一年は三百五十四日からなり、奇数月が三十日、偶数月が二十九日となっている。

年の初めは、だいたい春四月ごろの朔日で、一ヵ月は朔日から満月の日までを「白月」、満月の翌日から晦日までを「黒月」といって、一ヵ月を前半と後半の二つに分けている。白月の八日と十五日（満月）、黒月の八日と十四日または十五日（晦日）が休日となる。

純太陰暦は、太陽暦から約十一日遅れているので、季節とのずれが出てくる。ビルマ暦では、「十九年七閏法」といって、十九年間に七回、閏月を設けて季節とのずれをなくしている。閏月は三十日とし、閏年は閏月を余分におぎなうので一年十三ヵ月となり、一年が三百八十四日となる。

「フランス革命暦」

一七八九年のフランス革命で、フランスが共和国になったのを機に、国民議会は気分を一新するため、暦にも革命をというわけで、「共和暦《カランドリエ・レピュブリカン》」をつくった。これが、いわゆる「革命暦」である。現在はもちろん使われていないが、北フランスの気候に合わせて命名された月名がたいへん詩情豊かで美しいので、あえてしるしておきたい。

この革命暦は、一年を三百六十五日、一ヵ月をすべて三十日としたが、一週間を廃止して一ヵ月を十日ずつの三つの「デカード（旬）」に分け、一日を十時間、一時間を百分、一分を百秒という十進法で分けた。

一ヵ月を三十日としたために、余った五日は「共和暦閏日《サンキュロッチード》」、つまり革命党員《サンキュロット》閏日として年末にまとめ、第一日から第五日までを「徳日《ヴェルチュ》」「才能日《ジェニー》」「労働日《トラヴァイユ》」「言論日《オピニオン》」「報酬日《レコンパンス》」と名づけて国家的休日とし、閏年にはさらに、第六日をもうけたのである。

秋分を年の初めとして、共和暦は一七九二年九月二十二日を紀元元年一月一日としたが、一八〇六年、ナポレオンが皇帝となってグレゴリオ暦にもどしたため、共和暦はわずか十四年の運命を保ったにすぎないが、各月の名には「霧の月」「花の月」「熱い月」といった印象深い名前がつけられている。

「余日」について

一年は三百六十日であるという考えのもとに暦を定め、余った日を「余日」として、いろいろな解釈をしたものが世界にはある。いましがた述べたフランス革命暦もそうで、五日の余日を国家の休日として、年末に置いたのである。

この余日は、古代エジプトでつくられた暦にも見られ、オリエントでは月の満ち欠けを中心に暦を考えだしたのにたいして、エジプトのは太陽暦で、ナイル川の洪水や農作物を中心に、季節を軸として余日をもった暦がつくられた。

一年を十二ヵ月と定め、一ヵ月を三十日とすると、真の太陽暦は三百六十五日であるから、五日の余日ができる。この五日をエジプトでは「エパゴメネ」といって、仕事をしない祭日とした。

太陽神ラーは、妻である空の神ヌートと、地の神セブとの浮気を知って、「ヌートは、ない年ない月に子を生む」と宣告した。ヌートは、ラーの呪いがかからないうちにオシリスを生み、二日目にホルス、三日目にセト、四日目にイシス、五日目にネプティスを生んだので、エパゴメネの日を一日ずつ神の日と定めたといわれている。

マヤの暦にも余日がある。一年を一トゥンといい、一トゥンは十八ウィナル（月）、一ウイナルは二十キン（日）からなっている。すると、一年は三百六十日となり、五日の余日ができる。これをウェイエブといい、不吉な日として、十九番目の月にした。

1月	vendémiaire	葡萄《ヴァンデミエール》の月
2月	blumaire	霧《ブリユメール》の月
3月	frimaire	霜《フリメール》の月
4月	nivôse	雪《ニヴォーズ》の月
5月	pluviôse	雨《プリユヴイオーズ》の月
6月	ventôse	風《ヴアントーズ》の月
7月	germinal	芽生え《ジエルミナル》の月
8月	floréal	花《フロレアル》の月
9月	prairial	牧場《プレリアル》の月
10月	messidor	収穫《メッシドール》の月
11月	thermidor	熱い《テルミドール》月
12月	fructidor	果物《フリユクチドール》の月

フランス革命暦

「没日《もつにち》」について

余分の日であって、陰陽が不足しているので正日でないとみなし、いっさいのことに悪日としている日を「没日《もつにち》」という。これは奈良時代に使われていた『儀《ぎ》

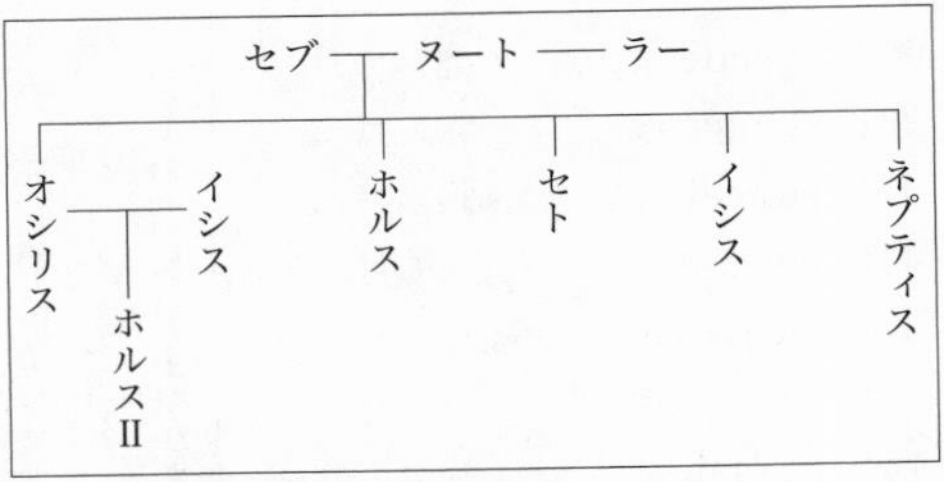

エジプト神の系譜

鳳暦《ほうれき》』にも書かれている。

没日というのは、一年を三百六十日とする思想から生まれたもので、真の一年を三百六十五・二五日とすると、五・二五日が余分の日となる。この余分な日は平均すると、365.25÷5.25＝69.57……から約六十九・五七日となって、六十九日または七十日ごとに一日余分となるので、この日を没日として、余分な日であり、陰陽の調和した正しい一日ではないと考えたわけである。

中国の暦のなかにも、一年を三百六十日と定めた歴史のあることは面白いが、日本では、推古天皇十二年、西暦六〇四年から中国の元嘉暦《げんかれき》を使って、初めて暦を採用したので、それ以後千年にわたって「没日」が存在していたことになる。一六八四年、貞享暦《じょうきょうれき》が渋川春海によってつくられてから、没日は姿を消した。

「紀元」について

暦の年月日は、春分や新月を基点としてきめられたが、時の流れをとらえるために問題となるのが紀元である。紀元は、建国や独立といった国家的行事や、宗教的な祝祭を記念してつくられた例が多い。

カルデア人は、バビロニアの建設者ナボナッサルが即位した紀元前七四七年から年を数えはじめた。これを「ナボナッサル紀元」といっている。ユダヤ人は、紀元前三七六一年に世界が創造されたと考えて、これを「ユダヤ紀元」元年とした。イスラエルで現在使われている紀元である。一方、ギリシャ人は前七七六年、ゼウスの祭典競技として第一回オリンピックが開かれたのを記念して「オリンピア紀元」とし、四年ごとに区切って〝オリンピアード〟として年を記した。ローマでは、ロムルスが建国した前七五三年を「ローマ紀元」元年として、年を計る基点とした。

二世紀の天文学者プトレマイオスは、ナボナッサル紀元を用いて、当時のローマ皇帝アントニヌス・ピウスまでの暦表をつくったが、この紀年は後にローマでも使われるようになった。

ところが、その百年後、ディオクレティアヌスがローマ皇帝となるや、彼は自らを神と称して崇拝するよう要求し、ローマの秩序は神の恩寵によるものと見なし、さらにキリスト教を異端として教会を破壊し、聖書を没収して、キリスト教徒の市民権を剝奪して奴隷とした。しかもそれまで使われていた紀年法を廃止して、自分の即位した西暦二八四年を「ディオクレティアヌス紀元」元年と定めたため、年代はこの年を基点として計算されるようになった。

その後、キリスト教はローマの国教として隆盛をきわめるが、紀年法は弾圧者ディオクレティアヌスの定めたものを用いていたという。

この紀年法に疑念を抱いたのは、ローマの僧院長エクシグウス・ディオニシウスで、彼はキリスト教を弾圧したディオクレティアヌスの紀元を〝悪魔の定めた紀元〟であると断じ、キリストの生誕をもって紀元とするのを最良であると考えた。その結果、ディオクレティアヌス紀元二四八年を「キリスト紀元」五三二年として、復活祭の日取りをきめる暦をつくったのである。

このキリスト紀元 Era of Incarnation はローマ教皇ボニファティウス二世の認可を受けて教会で用いられるようになり（一般の学者はローマ紀元に固執して歴史を書いていたらしいが）、九世紀にはヨーロッパに普及し、十八世紀後半には世界中で使われるようになったという。

ところで、ディオニシウスがキリスト生誕と考えた年に、キリストは本当に生まれたのか。

聖書には、「キリストはヘロデ王の治世に生まれた」とある（マタイ伝）。しかしヘロデは紀元前四年に死んでいる。とすると、キリストはそれ以前に生まれていなければならなくなり、キリスト紀元のつじつまが合わなくなる。

またキリスト降誕のとき、「東方の博士たちが星に導かれていくと、キリストの生まれたところで止まった」とある（同前）。この星は〝ベツレヘムの星〟といわれ、天文学や歴史の面からも研究されたが、土星（イスラエルの守護星）と幸運の星木星がその年、同じ魚座に入ったため明るく見えたのであるという有名な論証がある。その説に従うと、キリストは紀元前七年の生まれとなる。

最後に、「マリアはヨゼフとともに人口調査のためにベツレヘムへ来て、馬小屋でキリストを生んだ」（ルカ伝）と聖書にあるが、この人口調査は前七年ごろの皇帝アウグストゥスによるものと、西暦六年ごろのシリア総督によるものとの二つの解釈があり、命令の届く時間を考えると、紀元前五年ごろか、西暦七年ごろということになる。結局、ディオニシウスの説は誤りとされ、真実の生誕年は紀元前四年ごろというのが定説となっている。

ついでに、西暦をあらわすＡＤは、Anno Domini（During the year of the Lord）の略である。

第七章　自然暦――二十四節気

自然の季節に合った暦の基準

「二十四節気」という言葉は年輩の方なら知っておられるだろうが、若い方でも「立春」「啓蟄」「立秋」などという言葉を耳にすることがあるかと思う。しかし、この名称が二千年も前の中国の『前漢書律暦志』という書物に書かれていたということ、またその分類がどのようになされていたかなどを知ると、ちょっと驚かざるをえない。

ともあれ、これらの表現豊かな美しい言葉は、長い生命を保って現在の日本でも生きつづけているのである。

農耕民族にとって、季節を正確につかむことがもっとも重要であったのはいうまでもない。寒暖乾湿という季節の移り変わりをはっきりとらえることが、よい収穫を約束してくれたからである。ただ、すでに述べたとおり、月の満ち欠けで季節を読もうとすると、一年で約十一日のくるいが生じてくる。

中国では古くから、一ヵ月の始まりは新月の日「朔日」であった。一年の始まりは、後に述べる

---

†「二十四節気一覧表」
下の日付は現在の太陽暦による日付。

正月節　立春《りっしゅん》　二月四日ごろ
正月中　雨水《うすい》　二月十九日ごろ
二月節　啓蟄《けいちつ》　三月六日ごろ

ように、はじめは冬至であったが、後代には立春ときめられた。一年が始まるというのは、太陽の復活であり、農事のはじめ、春のはじめを意味する。

　もちろん、月の復活を一ヵ月のはじめとして、「閏年」をもうければ、暦日と気候のずれは、三十日以上にはわたらないにしても十日、二十日ほどのずれは自然を相手とする農耕や収穫に大きな支障となっていた。

「二十四節気」とは

　ところで、自然の季節にも合い、しかも何年たってもずれることのない基準は何かといえば、それは一年中で昼夜の長さの等しい日、および日照時間のもっとも長い日ともっとも短い日、すなわち、春分、秋分、夏至、冬至、である。しかも中国では、一年の始まりを冬至とか立春に決めていたのである。

二月中	春分《しゅんぶん》	三月二十一日ごろ
三月節	清明《せいめい》	四月五日ごろ
三月中	穀雨《こくう》	四月二十日ごろ
四月節	立夏《りっか》	五月六日ごろ
四月中	小満《しょうまん》	五月二十一日ごろ
五月節	芒種《ぼうしゅ》	六月六日ごろ
五月中	夏至《げし》	六月二十一日ごろ
六月節	小暑《しょうしょ》	七月七日ごろ
六月中	大暑《たいしょ》	七月二十三日ごろ
七月節	立秋《りっしゅう》	八月八日ごろ
七月中	処暑《しょしょ》	八月二十三日ごろ
八月節	白露《はくろ》	九月八日ごろ
八月中	秋分《しゅうぶん》	九月二十三日ごろ
九月節	寒露《かんろ》	十月八日ごろ
九月中	霜降《そうこう》	十月二十三日ごろ
十月節	立冬《りっとう》	十一月七日ごろ
十月中	小雪《しょうせつ》	十一月二十二日ごろ
十一月節	大雪《だいせつ》	十二月七日ごろ
十一月中	冬至《とうじ》	十二月二十二日ごろ
十二月節	小寒《しょうかん》	一月五日ごろ
十二月中	大寒《だいかん》	一月二十日ごろ

こうした気候に合わせた基準点をもとに、暦日を区切ったのが「二十四節気」である。なにか古めかしいイメージがありながら、意外な科学性《ラショナリズム》をもっていることには驚かざるをえない。

〔立春〕 現在の二月四日ごろで、立春から春が始まり、それはまた年の始まりでもあった。立春を年初とする考えかたは、中国では漢の時代に始まる。「春」という漢字には、土中から種が芽をふきながら、まだ地上に出きれずに蠢《うごめ》いているところへ太陽が昇ってきて草が生えるという意味がある。生気ある地下の活力がこれからふつふつと湧きでようとする時期である。

ところが、それ以前の前漢の時代には、春は冬至からと考えられていた。

当時の哲学者劉安の『淮南子《えなんじ》』には、つぎのように述べられている。

「夏の日至れば、すなわち陰は陽に乗る。冬の日至れば、すなわち陽は陰に乗る。昼は陽の分にして、夜は陰の分なり。陽気勝れば、すなわち昼長く、夜短く、陰気勝れば、すなわち昼短くして夜長し、冬至には陰気極まって陽気萌《きざ》し、夏至には陽気極まって陰気萌す」と。

それは、一日の日照時間をもとに考えると、冬至は日照時間のもっとも少ない日で、昼が一年中でもっとも短く、夜がもっとも長い。陰気が極まって、これから陽気が萌すという、陰から陽への一陽来復の日だというわけで、冬至から春が始まると考えたわけである。

しかし、こんどは気温をもとに考えてみると、季節的にもっとも気温の下がる寒い日は立春であり、立春からしだいに暖かさが増して春になる。確かに冬至から日照は長くなるが、「冬至冬なか冬はじめ」といわれるように、冬至は冬の真ん中であり、これから本格的な冬の季節になる。

時間の春より気温の春をのぞむなら、もっとも寒い日であろうと、その後は暖かい陽光が肌に感じられる立春をもって春とするのが自然であろう。こうして漢の時代に入ると、一陽来復の日として立春が年初と定められるようになった。この立春年初は、それから二千年近くつづき、日本でも明治六年の太陽暦改正まで、立春を年初としていた。現在私たちが「旧暦」といっている太陰太陽暦の年初は、すべて立春年初で、占易《うらない》の世界ではいまでも立春を年の始めとしている。

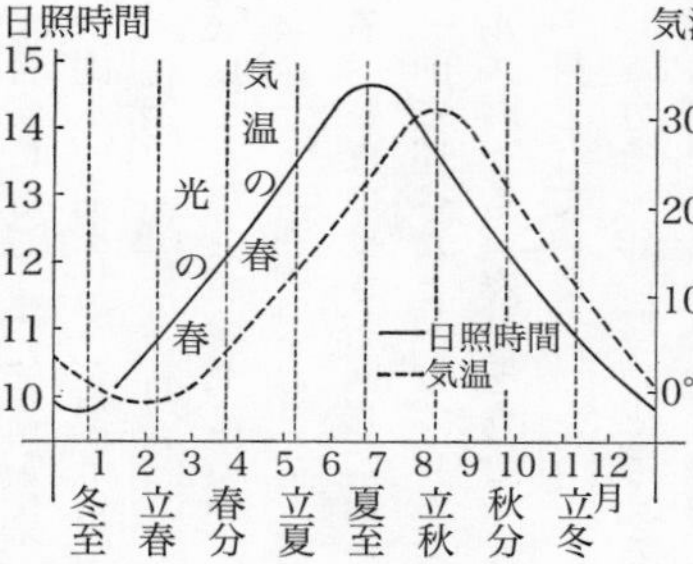

余談になるが、もっとも気温の低い時期を立春と名づけたのであるから、よく手紙の文例集などにある「立春というのにまだ寒く」という文句は論理的にはちょっと可笑《おか》しいことになるが、そう書くところがかえって人間的なのかもしれない。

いずれにせよ、立春を年初とした名残として、立春を基準に日を数える風習がいまでもあり、夏が近づいて種蒔きの目安となる「八十八夜」、中稲《なかて》の開花期で台風が多い「二百十日」（「二百十日の別れ水」といって田の水を落とす目安にも）、また台風襲来の厄日とされた「二百二十日」などの言葉が残っている。

〔雨水《うすい》〕　現在の二月十九日ごろ。雪や氷が解けはじめ、雨が降るようになる時期。

〔啓蟄《けいちつ》〕　現在の三月六日ごろ。啓は「ひらく」、蟄は「もぐる」の意味で、穴にこもって冬眠していた虫が地上に這いだしてくる時期をいう。

〔春分〕　現在の三月二十一日ごろ。春をまんなかで前後二つに分ける時点という意味である。昼夜の長さが同じになる日で、この日から日照時間が長くなる。

前に述べたとおり、ローマでは、行動を起こす春を年初と考えた。ローマ最初の暦「ロムルス暦」も、春分を含むマルスの月マルティウス（英語の March、仏語 mars）を年初の第一月としていた。

春分を一年の基点と考える発想は、太陽暦を使うようになってからも、西洋で生き残っている。キリスト教でキリストの復活を祝う「復活祭」Easter というのがそれで、これは、「春分後の最初の満月の後の最初の日曜日」と決められていて、この復活祭が基準になって、復活祭前の四十日間をいう四旬節《レント》 Lent（春の日長に向かうの意）や、四旬節の一日目 Quadragesima などの重要な祝日の日どりが決定されるからである。

仏教では、「西方浄土」といって、西方十万億土に阿弥陀仏の住む浄土があると説かれ、彼岸会《ひがんえ》が催され、現在もお彼岸の中日として西方浄土にいる祖先の霊を慰めるために、墓参などの仏事がいとなまれる。それは、太陽が沈む方角に浄土があって、春分の日には太陽が真西に沈むので方角がはっきりするからである。

ちなみに、彼岸とは悟りの世界である「涅槃《ねはん》」をいい、「生死《しょうじ》の此岸《しがん》を去って涅槃の彼岸《ひがん》に至る」という言葉に由来する。これも前に述べたように、イランでは日常の暦として現在でも春分を年初にしている。

現在、日本の法律で春分の日は、「自然をたたえ、生物をいつくしむ日」と定められている。

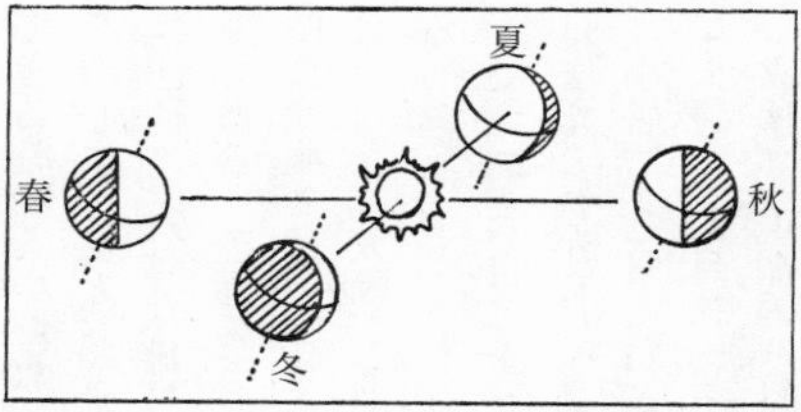

春分図

なお、立春から春分までを「光の春」ともいっている。

〔清明《せいめい》〕現在の四月五日ごろ。さっぱりとして明るくなる時節。

〔穀雨《こくう》〕四月二十日ごろ。百穀を生じる雨という意味で、穀物に必要な雨が降るころをいう。

〔立夏〕五月六日ごろ。夏という漢字は、大地が草を被り、木が葉を被って成長していく時期をあらわし、ここから暦の上では夏に入る。古代中国に「夏《か》」という国家があったが、その名のおこりは、人が衣を着、頭に冠をつけるという意味で、文明の始まりを文字であらわしたものといわれる。しかし立夏も実際には暑くなく、春分から立夏までは「気温の春」といってもっとも気候のよい季節である。

〔小満〕現在の五月二十一日ごろ。麦が穂をつけ、やや満足できる時節といわれるのは、日本の稲作文化にたいして、中国の農耕文化が北方の黄河文化を中心に、主として外来の麦作を行っていたためであろう。

〔芒種《ぼうしゅ》〕六月六日ごろ。芒とは「のぎ」のことで、芒のある作物を植えるという、田植え期である。芒種の五日後、すなわち一候すぎた六月十一日ごろが入梅、梅雨《つゆ》入りである。梅雨（黴雨）は、文字通り梅の実が熟すころで、雨が降り、黴《かび》が生える季節である。この時節になると、太陽が北回帰線にかなり近づくので、水分の蒸発が盛んになり、じめじめしてくる。

〔夏至〕六月二十一日ごろ。昼がもっとも長い日で、日照時間は最長であるが、気温的にはまだこれから暑くなる時期をいう。

〔小暑〕七月七日ごろ。ちょっと暑くなる時期。

〔大暑〕七月二十三日ごろ。大いに暑い時期。

〔立秋〕現在の八月八日ごろ。「秋」という漢字は、みのった作物を収穫して、太陽と火に当てて乾かす時期をあらわしているという。気温は陽極まる酷暑の時期で、「立秋とは名ばかりで」と挨拶の文句の通り、夏の真っ盛りである。しかも立秋をすぎれば、どんなに暑くとも残暑という。確かに、字面だけ眺めると、涼しい感じがするから不思議である。

〔処暑〕八月二十三日ごろ。「処」というのはとどまるの意で、暑さが一段落して、落ちついてくる時節である。

〔白露《はくろ》〕九月八日ごろ。白い露が葉の上に見えだす時期。

〔秋分〕現在の九月二十三日ごろ。春分と同じく、秋を前後に二分する意味で名づけられ、昼夜の長さが等しい日である。この日から夜が長くなり、また太陽が真東から真西へ沈むので、彼岸の中日として秋の彼岸会が催される。秋分の日は法律によると、「祖先を敬い、亡くなった人をしのぶ日」と定められている。

〔寒露〕十月八日ごろ。寒い冷気にあたって露が凍る時期。

〔霜降《そうこう》〕十月二十三日ごろ。文字通り霜の降りる時節。

〔立冬〕十一月七日ごろ。冬の入りで、この日から暦の上で冬に入る。「冬」という漢字は、収穫物をぶらさげた形と冷たい氷とをかたどった文字で、収穫物をつるして太陽に当て、保存用の食物として貯え、充実する時期をあらわすという。まだ寒くなく、これも名のみである。

〔小雪〕十一月二十二日ごろ。雪がちらちらする程度の時節。

〔大雪〕十二月七日ごろ。大いに雪が降る時節。

〔冬至〕現在の十二月二十二日ごろ。立春のところでも述べた通り、一年中で日照時間が最短の日で、「冬至から畳の目だけ陽がのびる」といわれるように、冬至から日射しが日一日と長くなり、一日当たり二分ずつ昼の時間がのびていく。


冬至には、日本でも冬至祭として、一陽来復を祝う。農作業もすっかり終わって寒い夜長を迎えるために冷酒を飲み、みそぎのために柚子湯（冬至風呂）に入り、コンニャクを食べて身体の砂払いをし、保存のきく南瓜《カボチャ》を食べて栄養をつけたり、冬至粥をたいて暖まったりしながら、新たな気持で春を迎えるわけである。また南瓜《とうなす》だけでなく「と」のつく豆腐、唐辛子などを食べる習慣もある。

〔小寒《しょうかん》〕 現在の一月五日ごろ。寒さも本物ではない時期で、「寒の入り」ともいう。

〔大寒〕 一月二十日ごろ。いうまでもなく大いに寒い時節。

テレビやラジオの天気予報で「今日は暦の上では立秋で……」などというのは、なかなか風情のある表現であるが、地域によって季節感と食いちがいがおこるのは、これらの表現のルーツが前述のように中国の黄河流域だからである。日本でいえば秋田県と同じ緯度に位置する風土の季節感だから、大陸性気候を考え、少し割り引いて解釈する必要がある。

冬至祭と「割礼年初」

二十四節気の区分は、はじめ冬至を基点として定めたもので、一年を二十四等分して、十五日ごとに一節気を設け、その季節にちょうど合うような名称をつけた。しかし、のちに区分のしかたは、春分を基点にして、太陽が見かけ上、天球を動く軌道すなわち黄道三六〇度を二十四等分して、太陽が一五度ずつ黄道上を動いた点にあたる日を二十四節気としたのである。

第三章で、ローマのサトゥルナリアやクリスマスが、冬至を祝って、その日を神に捧げたところから生まれたことを説明したが、これらは冬至が春を迎える出発点と考えられたためである。英国で、年初を冬至として一月一日と定めたのは、一七五二年に太陽暦を採用してからのことである。

ヤヌスの月を一月と書く私たち日本人から見れば、一月が年初なのは当然と思われるかもしれないが、英語の January にもフランス語の janvier にも、もともと一番目の月などという意味はまったくない、ということを思いだしていただきたい。

キリストはユダヤ人として生まれたため、生まれて八日目にアブラハムと神との契約である割礼 circumcision を受けた。ユダヤ人にとって割礼の儀式は、神との契約を果たして神の庇護の下に未来の幸福を約束されるきわめて重要な儀式であった。

その儀式を十二月二十五日から八日目ときめ、その日を一年の始めとしたのが現在の一月一日《ジャニュアリー》で、それが世界各国に伝わって、現在のようになったのである。

現在の年初は「割礼年初」といわれている。

七十二候とは何か

気候の変化は急にやってくるわけではない。五日ほどたつと、ほんの少々ながら暑さ、寒さ、湿り気などが変わったかなと感じる程度である。芝生でも、刈った日から五日もたつと、落ちついた姿になるし、桜の花も三分咲から五日もすると満開になる。燕の帰来も五日とは変わらない。

Δx（デルタエックス）というのが微積分にあるが、これは増分といって、xが微量変化したことを意味している。日常の例をあげれば、化学調味料を〝少々〟とか、〝ちょっと〟お待ちください、という程度の量的変化をいうのである。気候にたいする Δx《デルタエックス》 の上限が「五日」であると考えるとぴったりする。

要するに、天候の変化の最小単位が「候」だということである。

一年を三百六十日とすれば、二十四等分した一節が十五日となり、その一節気を三等分して五日ずつに区切ると、一年は七十二候に分けられる。

しかし、七十二候は細かすぎたために、暦の上からは姿を消し、ただ一つ「半夏生《はんげしょう》」だけが現在でも残っている。

〔半夏生〕　夏至の第三候で、夏至からおよそ十一日目の七月二日ごろである。略して「半夏」ともいわれるように、半夏が生えてくる季節の意味で、田植えの最終日の目安とされ、また梅雨明けともいわれて梅雨の終わるころをさしている。

† 「候（そうろう）」

手紙や公文書に用いる「候文《そうろうぶん》」がある。「そうろう」は「さもろう」から派生したもので、「さもろう」は「さ守《も》ろう」、〝じっと継続して見守る〟の意味だといわれる。「さもろう」→「さぶろう」→「そうろう」→「候」と変わり、謙譲語として用いられ、慎重に控え目に「そうである」という内容をもつ。この「候」と五日を意味する候とが意味の上で似ているのは偶然とはいえ面白い。

† 「半夏生《はんげしょう》」と「半夏」

「半夏生」は湿地に生えるドクダミ科の多年生の雑草で、ドクダミと葉の形が同じである。夏、白い花が咲くころ、葉先が半分白くなるので「半化粧」、片白草ともいう。「半夏」はふつう「カラス柄杓《びしゃく》」ともいわれる薬草で、農家の主婦が、農作業の合間につんで薬問屋に主人に内緒で売ったところから、「へそくり」とも呼ばれている。

半夏というのは、畑などに生えるサトイモ科の多年生の雑草で、吐き気どめの妙薬とされるが、「半夏生」というドクダミ（薬草）科の雑草もあるので話がややこしくなり、結局、この時節には毒草が生えるという誤った言い伝えができたのであろう。そのため半夏生には、井戸に蓋をするとか、野菜を食べない、種播きをしないという風習もあった。また酒、肉を絶ち、色情をつつしむ習慣もあったが、これは半夏生が釈迦の母摩耶夫人の中陰にあたるためという仏教的な教えによるものである。

要するに、中国では、はじめ自然現象を区切りとして時を知り、殷の時代になって月を尺度として太陰暦をつくったが、さらに太陽をとりいれて、季節によって区分したのが「二十四節気」である。すなわち二十四節気は、歴《れっき》とした太陽暦なのである。

第八章 「陰陽五行説」の原理

「四」および「五」という数について

これまでも暦の話をしながら、「十二」とか「七」という数を眺めてきたが、こんどは「五」という数を中心に考えてみよう。

万物の生成と宇宙の現象がすべて原素からはじまるとする理論は、古代のギリシャで盛んに行われていた。当時の世界では、「すべてのものは水から生まれる」（ターレス）とか、「運動によって、ある規定できないものが生じる」（アナクシマンドロス）とか考えられており、アナクシメネスは、空気がすべてのもとになって、それが稀化して火となり、濃化して水となり、さらに土になるといい、地水火風とエーテルという「五大」を万物の原素であると定めた。

またアリストテレスは、二つの対立する乾きと湿り、冷と熱とから、すべての物質や現象が生まれるという四元説を説いている。いわば乾と冷は悪であり、湿と熱は善であるとして、男性は乾で、太陽、土星、木星、火星にあらわれ、女性は湿で、月と金星にあらわれると考えられた。一方、水星は乾湿両方の性質をもち、中性とみなされた。

四方位については、東が乾、西は湿、南が熱、北は冷とし、四季も、春が湿、夏が熱、秋は乾、冬は冷というように対応すると考えた。月の様相についても、新月から上弦までは湿、上弦から満月までは熱、満月から下弦までは乾、下弦から新月までは冷であるとしたのである。

四という数は、太陽崇拝を中心として、空間を考えるさいに生じた〝基本的な数〟であるといえる。空間を直観的にとらえれば、東西南北という四方位が生まれる。世界は平面的で四方位的だったともいえるであろう。

インドのカーストで階級がバラモン、クシャトリヤ、ヴァイシャ、スードラの四つに分けられたのも偶然ではない。またロムルス暦で一月から四月までに神の名をつけたのも聖なる四神を讃えた姿と考えてもよい。

ピタゴラスは、「四」を初めての平方数として、聖なる数と考えた。地球を四角な平面と考えた名残だろうか、彼は「テトラキス、聖なる数よ。神と人を生んだ創造の根源なり。万物の本質であり不変な一から聖なる四に至れば、万物の母なる十を生む」といっている。日本ではかつて四方に神を配した「四方拝」の儀式があった。相撲の土俵にも内側に四の四倍の十六個の俵が並べられているのがそれである。インドでも、物質を構成している四元素、地水火風を「四大」といっている。

ところで、人間の病気をひとまとめにして「四百四病」と

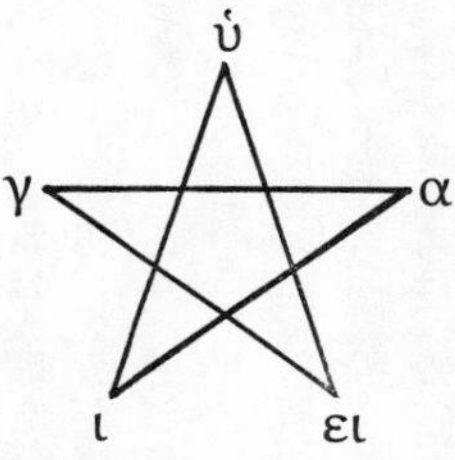

ペンタグラム

いうが、これは人間を構成する四大のうち、地大がふえたために起こる黄病、水大が積もって起こる痰病、火大が盛んになって起こる熱病、風大が動くことによって起こる風病がそれぞれ百ずつあり、それに地水火風を加えて四百四病というのである。

一方、「五」という数は、世界を四方と考え、空間を「四」であらわした上に中心点を加えて、自分の固有位置を示したものであり、自分をふくめた完全な世界を表現したものが「五」であると解釈できる。それは、すでに述べたジャワの五日週にも残っている。

ピタゴラスは、「二」が女、「三」が男をあらわすといい、その二つを足した「五」が結婚という人間の完全な姿であるとした。ピタゴラスの聖標は星形五角形《ペンタグラム》で、突起部の文字を合わせると、「健康」ὑγιεια の意味になる。

この星形五角形ペンタグラムは、中世ヨーロッパで魔除けとして用いられ、ファウストがメフィストフェレスを困らせたのもこのペンタグラムである。これには終点がなく、またそれぞれの線分が他の線分を黄金分割に横切っているので、悪魔が閉じこめられたら外に出られないという意味をもっていたからである。

インドでは四大に空を加えて「五大」または「五輪」といって、空・風・火・水・地を、すべての物質を構成する根本原理と考えている。これは現在でも五重塔や五輪塔として残っており、日本でも五輪塔は先祖代々の墓などの各所に見られ、宇宙のエッセンスと天地の法をあらわすと考えられ、上から宝珠、半円、三角、円、方（正方形）の形であらわされる。地は方形で地輪、天が円形で水輪、地から生まれた生命は四角形が変形した三角形で火輪、天から生まれた生命は球形の変化として半球形をした風輪、その天地相互の力によって生まれた生命は三角形と半球形を合わせた宝珠形の空輪をそれぞれ意味している。五輪塔などに、梵字つまりサンスクリット語で「キャ・カ・ラ・ヴァ・ア」と書かれているのがそれである。

しかし、五という数が本質的な意味をもつのは、人間の指の数が五本あるという点だろう。人間が他の動物と異なるところは、火を使う、道具を使う、笑う、言葉をもつ、文字をもつなどのほかに、数えるという点もその重要な一つである。

指を使って物と対応させて数を数えるのは、もっとも基本的な操作だといわれているが、この対応の原理が「数の本質」であり、それを指で行ったものが「五」なのである。いわば、指折り勘定がそれである。日本人は指を折って数えるが、欧米人は、人差指でもう一方の手の小指から順にあてて勘定していく。サンスクリット語の「五《パンチャ》」pença は、ペルシャ語の手 pencha と語源的に同じで、またロシア語の「五《ピアッチ》」пять も「掌《ピアスト》」пясть から派生したといわれているように、数は人体と深く結びついていたといえよう。

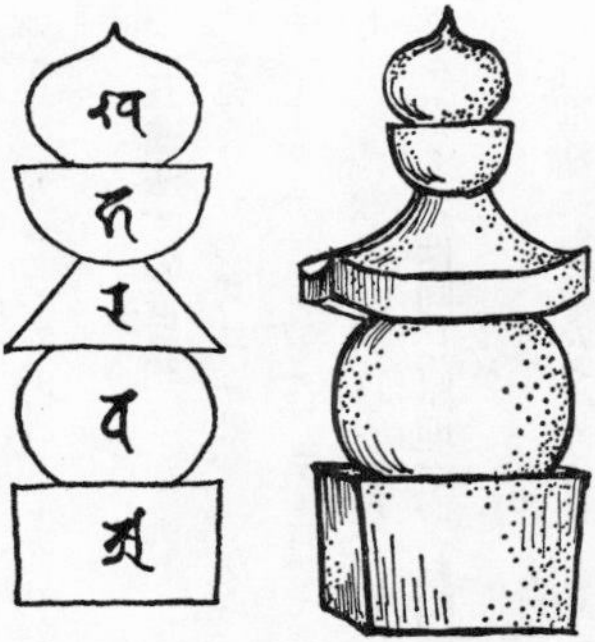

五輪塔は空・風・火・水・地をあらわす

現在使われている十進法も、両手の指の数が十本であるところから来ているのは明らかであろう。

アフリカのズニ族は、一から五までの数詞しかなく、「トピンテ・クイリ・ハーイ・アイテ・オプテ」と数え、あとはそれを繰り返すだけだという。しかし、それを原始的だとばかりはいえない。現代のわれわれの周辺でも、選挙の得票数などを黒板に書くときに「正」の字を書くのは同じ原理で、お国柄のちがいながら欧米では正の代わりに「卌」を使っている。

「五進法」の世界

五進法に触れたついでに、いまでも時計の文字盤や、オリンピックの表示盤などに使われているローマ数字について説明しておこう。

ⅠⅡⅢは説明の要もないが、Ⅴは親指と小指を立てて他の指を曲げた形で、一〇をあらわすXは、Ⅴを重ね合わせた形である。

一〇〇をあらわすCはラテン語の一〇〇centum《ケントゥム》の頭文字と思われる方が多いが、古代ギリシャ文字「⊙」テータの点をとって右側を切り離し、視力検査マークのようにしたものである。一〇〇〇はMとなるが、これもラテン語のmile《ミレ》ではなく、古代ギリシャ文字「⦶」プヒーの下のほうをほどいて、Mの字にあてたもの。五〇をあらわすLも同じく、古代文字の「↓」クヒーが⊥となり、Lとなったものであり、五〇〇のDは⦶プヒーの右半分をあらわしている。ローマ数字は、五になると新しい文字を増加させるところに五進法の特徴があり、一九八二をローマ数字で書けば、MCMLXXXIIとなる。足し算と引き算を組み入れた面白い表記法といえよう。

ローマ数字では、文字の上にさらに棒を引いて、その一〇〇〇倍をあらわす。$\overline{\mathrm{X}}$は一〇〇〇〇、$\overline{\mathrm{L}}$は五〇〇〇〇、$\overline{\mathrm{C}}$は一〇〇〇〇〇、$\overline{\mathrm{D}}$は五〇〇〇〇〇、$\overline{\mathrm{M}}$は一〇〇〇〇〇〇というわけである。

さて、いよいよ「陰陽五行説」に入るが、ここでもういちど一週間の呼びかたを思いだしていただきたい。国によって、七曜が神の名前や太陽や月や、安息日だったり、数字だったりすることを述べたが、私たちが日常使っている日、月、火、水、木、金、土というのは、西洋の曜日を翻訳したものではない。太陽や月はともかく、火曜とか水曜というのは、いったいどんな意味があるのだろう。じつはこれは中国の陰陽五行説から来たものなのである。

一週間は七日を一つの単位として定められたが、「七」という数は、宇宙を支配する七つの惑星から、そして七日ごとに姿を変える月の様相から、宗教を通して聖化された絶対数だった。

そのため、月と太陽という二つの星を「陰陽」とし、他の五つの惑星を「五行」の星として陰陽五行説にとりこむと、二と五の和もちょうど「七」になるので、古代中国ではまさしく天啓として受けいれられたにちがいない。

ただし、陰陽五行説をもとにして、太陽、月の二天体と「木火土金水」の五惑星が七日に割りあてられ、中国で一週間の曜日名になったときには、すでに惑星の意味はまったく失われていた。したがって、火曜日が火星、水曜日が水星の日というより、抽象的につけられた単なる符号にすぎなくなっていたといってよい。

「陰陽五行説」とはどんな考えかたか

「陰陽五行説」という言葉は、週刊誌や占いの本などでよく見かけるが、これはもともと一つの考えかたとしてあったものではない。これはじつは陰陽説と五行説とが組み合わされてできあがったものなのである。その二つの説が別々に論じられないほど混じり合ってしまったので、現在では陰陽五行説として一つに考えられているというわけである。

陰陽説《いんようせつ》は、日本に伝来して陰陽道《おんみようどう》と呼ばれている。しかし、もともとは中国最古の王とされる伏義《ふつき》がつくったといわれている。かんたんにいうと、天地万物はすべて陰と陽から成り立っているという考えかたで、その陰と陽とが交互に現われるという、いわゆる二元論の発想なのである。

これは、世のなかの事象がすべて、それだけ独立してあるのではなく、陰と陽という対立した形で世界ができあがっていると考える原理である。そして、陰と陽はおたがいに消長をくりかえし、陽が極まれば陰が萌《きざ》してくるというようにして新たな発展を生むという考えかたである。要するに、世界というものは、明暗、冷熱、乾湿、火水、天地、表裏、上下、凸凹、男女、剛柔、善悪、吉凶などの一対から成り立っていると考えるわけである。

こうして、例えば人間の精神は天の気、つまり陽で、肉体は地の気、つまり陰だということになり、生はその精神と肉体との結合、死は両者の分離であると説く。

一方、五行説というのは、夏《か》の国の聖王、禹《う》がつくったといわれ、禹の治世のときに洛水からはい上がってきた一匹の亀の甲羅がヒントになったといわれている。その亀の甲に書かれた文様（洛書）から五という数を悟り、国を治めるのに五つの基本原理を思いついたというのである。

禹が定めた五行というのは、「水は土地を潤し、穀物を養い、集まって川となって流れ、海に入って鹹《かん》（しお）となる。火は上に燃えあがり、焦げて苦くなる。木は曲がったものも真っ直ぐなものもあり、その実は酸《す》っぱい。金は形を変えて刀や鍬となり、味は辛い。土は種を実らせ、その実は甘い」（「水は潤下し、火は炎上し、木は曲直、金は従革し、土は稼穡《かしょく》す」）というもので、禹はこのように、「木火土金水」と五つの味、五行五味の調和を政治のプリンシプルとした。

この考えかたが、のちに斉国の陰陽家鄒衍《すうえん》によって、五つの惑星と結びつけられ、さらにまた万物に当てはめられて、観念的な五行説として完成する。鄒衍の説はつぎの通りである。

「天地のはじめ、渾沌としたなかで、明るく軽い気が陽の気をつくり、火となる。暗く重い気は陰の気をつくり、水となる。天上では火は太陽となり、水は月となり、これが組み合わされて、五つの惑星となる。地上では火と水から五原素ができる」

すなわち、木火土金水という五行から万物が成り立っていて、それが消長し、結び合い、ぐるぐる循環することによって、あらゆる現象が出てくると考えたものといってよい。

それゆえ陰陽という二つの対立、これと五つの数とを観念的に組み合わせて、万物に当てたのが陰陽五行説ということができる。

五行配当とは何か

五行説では、天地万物の姿をとって五行が現われると考えたので、例えば方角としては東西南北と中央（五方）、季節でいえば春夏秋冬と土用（五時）、色彩では青赤黄白黒（五色）といった五つずつのパターンを五行配当という。

それゆえ、「五味」といえば、酸っぱい、苦い、甘い、辛い、塩からいの五つである。欧米では、これが甘い sweet、酸っぱい sour、塩からい salt、苦い bitter の頭文字をとって、味はSBからなるともいわれるが、中国のほうが厳密で、味にうるさいお国柄だけに、古くから基本的な味覚がはっきり定められていたわけである。

「五音」は五声ともいい、中国の雅楽音階のベースになる五つの基本音で、この五音音階を宮、商、角、徴、羽の順序にすると、現代の呂《りょ》旋法のドレミソラ、律《りつ》旋法のドレファソラに近い音階になる。

「五則」とは、度量衡の基準になる五つの道具をさし、「規」はコンパス。「衡」はハカリの竿から転じてハカリそのものをいう。「縄」とは大工が直線を引くのに使う道具。「矩」は差《さし》金《がね》、曲がり尺など直角に曲がった定規。「権」はハカリの錘《おもり》つまり分銅をいう。

「五欲」とは、財欲、色欲、食欲、名誉欲、睡眠欲をさすが、これには仏教の影響があるようで、色欲や食欲の戒めに逆らえば、畜生や餓鬼となり、財欲や名誉欲の戒めに抗すれば「阿修羅のごとく」の修羅となるという人間観から五欲が考えられたようである。

「五刑」とは、死刑の大辟、男性の性器を切りとり、女性を監房に幽閉する宮刑《きゅうけい》、足を切りとる剕刑《ひけい》、鼻をそぎとる劓刑《ぎけい》、いれずみをする墨刑《ぼくけい》をいう。また、笞、杖、徒、流、死を五刑ともいっている。

「五穀」と中国でいうのは、黍《しょ》（キビ）、稷《しょく》（コーリャン）、稗《はい》（ヒエ）、秫《じゅつ》（モチアワ）、粟《ぞく》（アワ）、のちにキビ、コーリャン、麻《ま》、麦、豆（菽《しゅく》）をいうようになったが、日本では米、麦、アワ、豆、キビ（またはヒエ）をさす。古代中国では、黄河と揚子江の間を流れる淮河を境にして、北方はキビとコーリャン、南方では米が主食であったが、のちに麦が西方から渡ってきて麦作が中心となった。麦という漢字（麥）は、麦の穂と運んできた足の形を組み合わせたものといわれている。

「五虫」といっても、昆虫ではない。鱗虫とは鱗のある動物で、そのナンバーワンがおなじみの竜である。深い沼に住んで雲を呼び、落雷によって昇天するといわれている。羽虫は羽をもった動物で、その代表的なものが鳳凰《ほうおう》である。体に五色の紋様があり、瑞鳥として尊ばれている。桐の樹に住み、竹の実を食べるという。裸虫とは羽毛のない動物、つまり人間のことで、それもとくに聖人をさしている。毛虫は毛のある動物で、その代表として麒麟《きりん》があげられる。固い殻をかぶった動物が介虫で、その長が長命の代表、亀である。

五行配当リスト

五行	木	火	土	金	水
五星	歳星《さいせい》(木星)	熒惑《けいわく》(火星)	填星《てんせい》(土星)	太白《たいはく》(金星)	辰星《しんせい》(水星)
五方	東	南	中央	西	北
五時	春	夏	土用	秋	冬
五色	青	赤	黄	白	黒
五味	酸(すっぱい)	苦(にがい)	甘(あまい)	辛(からい)	鹹(しおからい)
五臭	羶(肉臭)	焦(焦臭)	香(芳香)	腥(魚臭)	朽(腐臭)
五感	視	聴	嗅	味	触
五音	角《かく》	徴《ち》	宮《きゅう》	商《しょう》	羽《う》
五臓	肝臓	心臓	脾臓	肺臓	腎臓
五徳	明(朗)	従(順)	睿(寛)	聡(明)	恭(虔)
五常	仁	礼	信	義	智
五合	筋	血	肉	皮	骨
五栄	爪	色	唇	毛	髪
五倫	義	親	別	序	信

五欲	財欲	色欲	食欲	名誉欲	睡眠欲
五悪	殺生	偸盗《ちゅうとう》	邪淫	妄語	飲酒
五刑	大辟《たいへき》	宮刑《きゅうけい》	剕刑《ひけい》	劓刑《ぎけい》	墨刑《ぼくけい》
五穀	黍《しょ》	稷《しょく》	稗《はい》	秫《じゅつ》	粟《ぞく》
五畜	犬	羊	牛	雞	馬
五果	李《すもも》	杏《あんず》	棗《なつめ》	桃《もも》	栗《くり》
五菜	葱《ねぎ》	薤《らっきょう》	葵《わさび》	韮《にら》	藿《まめ》
五金	青鉛	赤銅	黄金	白銀	黒鉄
五節句	人日《じんじつ》	上巳《じょうし》	端午《たんご》	七夕《たなばた》	重陽《ちょうよう》
五虫	鱗虫	羽虫	裸虫	毛虫	介虫
五神	蒼竜	朱雀	黄竜	白虎	玄武
五行神	句句廼馳神《くくのちのかみ》	軻遇突智神《かぐつちのかみ》	埴山姫神《はにやまひめのかみ》	金山彦神《かなやまひこのかみ》	罔象女神《みずはのめのかみ》
五帝	帝嚳《ていこく》	太皞《たいこう》	黄帝《こうてい》	少昊《しょうこう》	顓頊《せんぎょく》
五則	規	衡	縄	矩	権
十干	甲乙	丙丁	戊己	庚辛	壬癸
十二支	寅卯	巳午	丑辰未戌	申酉	子亥
八卦	震巽《そん》	離	艮坤《ごんこん》	乾兌《だ》	坎《かん》

五節句について

節句とは、もとは「節供」と書いて、季節の変わり目に神に供えた食物のことである。中国では重日思想といって、同じ数字の重なる月日を忌みきらったため、神を迎えてお祓いをしたのが定着して五つの節句になったといわれる。

〔人日《じんじつ》〕一月七日は、いわゆる七草で、若葉の節句ともいわれる。春の七草を粥《かゆ》にして食べると、病気や災難除けになるといわれ、芹《せり》、なずな（ペンペン草）、ごぎょう（母子草）、はこべら、仏の座（たびらこ）、すずな（蕪）、清白《すずしろ》（大根）を野山に摘みにいく習俗があったが、最近は人家が増えて、探すのがむずかしいらしい。「人日」といわれるのは、古代中国で、元日に鶏、二日に狗《いぬ》、三日は猪、四日は羊、五日は牛、六日は馬を占い、七日には人を占ったという俗習から来ている。

〔上巳《じょうし》〕三月三日で、はじめの巳の日という意味である。中国の水辺での祓いの行事が始まりで、もとは人形にけがれを移して川に流したのが雛人形として飾られるようになり、女の子の成長を祝う行事になった。魔を除くといわれる桃の時期でもあり、桃の節句ともいう。

〔端午《たんご》〕「端《はじめ》の午《うま》の日」だったのが、午《ご》は五に通じることから、五月五日となった。節句は、もともと労働力としての女性に休養をあたえるもので、悪魔を祓う菖蒲《しょうぶ》の節句も、もとは女の子の日であった。これも菖蒲が尚武に通じるので、武家社会を中心に男子の節句と変わったのである。中国の英雄屈原の死をいたんで、その亡骸《なきがら》を運んだ鯉を称えたのが鯉のぼりで、粽《ちまき》は鯉にあたえた餌をあらわすという。

〔七夕〕　七月七日の星祭「たなばた」は棚機女《たなばたつめ》がもとの意味で、機織り姫のことである。織女星（琴座のベガ）と牽牛星（鷲座のアルタイル）の物語が日本人の共感を呼び、それが書道や機織りの上達をねがう乞巧奠《きっこうでん》の風俗と混じり合った行事である。

〔重陽《ちょうよう》〕　九月九日の菊の節句。仙人彭祖《ほうそ》の捧げた菊酒を飲み、長命を保った魏の文帝にあやかって不老長寿をねがう行事である。

五神と五帝について

〔五神について〕　これは四方位および中央をつかさどる神のことで、麻雀で「東緑《トンリュウ》つきもの」というと、東と緑発の刻子《ポン》が両立する局面の多いのをいう言葉である。「蒼竜」は東方をつかさどる竜神だが、発という牌が緑色の文字で書かれており、緑と竜の中国読みが同じ「リュウ」であるため、東と共存するという五行の観念をあらわしている。「朱雀《すざく》」は朱鳥ともいわれ、鳳凰を象徴する赤い鳥で、南をつかさどる。平安京の赤い朱雀門は内裏の南側にあった。「白虎」は西方をつかさどる白い虎神。「玄武」は亀に蛇が巻きついた形の動物としてあらわされ、北方をつかさどる神である。

土地に五神相応の相というのがあるが、これは五神にふさわしい優れた地相をさす。東に流れがあるのを蒼竜、西に大きな道があるのを白虎、南がくぼんでいるのが朱雀、北に丘を背負うのを玄武、中央が平坦なのを黄竜といい、最良の地相とされている。

〔五行神〕日本の五行神は『日本書紀』から選ばれている。

「句句廼馳神《くくのちのかみ》」は木の神で、『古事記』では久久能智《くぐのち》神と記される。久久とは茎《くき》の意味といわれ、伊邪那岐《いざなぎ》、伊邪那美《いざなみ》の両神から生まれた神。「軻遇突智神《かぐつちのかみ》」は火の神で、この神を生んだために、母である伊邪那美尊《いざなみのみこと》が火傷を負って死に、黄泉国《よみのくに》へくだる話は有名である。『古事記』では火之迦《ほのか》具土神《ぐづちのかみ》となっている。つぎの三神も伊邪那美が火の神につづけて生んだいわば四つ子である。「埴山姫神《はにやまひめのかみ》」は土の神、「罔象女神《みずはのめのかみ》」は水の神で、ともに厠《かわや》つまり手洗いをつかさどる神とされ、『古事記』ではそれぞれ波邇夜須毘売神《はにやすひめのかみ》、弥都波能売神《やつはのめのかみ》と記されている。「はにやす」とは粘土、「やつは」とは水走るという意味。「金山彦《かなやまひこ》神」は金、鉱山の神で、『古事記』では彦が毘古と記されている。

〔中国の五帝について〕中国には、天下の王たる者は、五行の徳をもたねばならないとい

†中国の創世神話

中国の創世神話をまとめてみると、天地が分かれる前は鶏の子、天地は卵のようだった。その卵から盤古が生まれ、盤古は一日に九度変身して成長し、背丈が一日一丈伸びるたびに、天と地が一丈ずつ離れていったという。

一万八千年たって現在のような天地となり、盤古は死んだが、頭は四つの山となり、左眼は太陽、右眼は月、脂が海、涙が河、毛髪が星、皮が草木、息が風、瞳が電光、声が雷鳴、肉は土、汗は雨、歯が金になった。盤古が喜ぶと空は晴れ、怒れば雨になった。天地万物の祖、陰陽のはじめは盤古であったという。

う考えかたがあり、そうした徳のある帝王を「五帝」という。

「太皞《たいこう》」は伏義《ふっき》または包犧《ほうぎ》ともいわれ、母の華胥《かしょ》が巨人の足跡を踏んだために生まれたという神話がある。蛇身人面、牛首虎尾だったとの説もあり、東方をつかさどる神になっている。陰陽説や八卦をつくったのをはじめ、文字の起こりである結縄の発明者として、また婚姻制度の生みの親ともいわれている。

ついでにいえば、この伏義のつくった八卦を六十四卦にしたといわれるのが、「黄帝」と異母兄弟の神農《しんのう》である。神農は燧人《すいじん》ともいわれ、「炉」の神炎帝と同一視されているが、母の女登が神竜の首を感じて生まれたとされ、この世に火や農具の使用、農業、市場、交易、商業を教えた神として、また薬草を定め、医術の道を開いた医神として、さらに五弦琴を発明して音楽を開発した神としても崇められてきた南方をつかさどる神でもある。この六十四卦は、現在、易占いに使われている「卦」と同じもので、神農は易神ということもできる。

伏義の妻女媧《じょか》には、ちょっと面白い人間創造神話があって、この女神が黄河の土を固めて人間を造るうちに、一人一人手でこねるのが面倒になり、泥のなかにたっぷりとつけた縄をふり回したところ、泥が四方に飛び散って人間になったという。しかも女神の手作りしたのが高貴な人間で、あとはすべて縄の泥から生まれた人間だとされている。

昨今でも、〝手作りの味〟などというが、人間の考えもあまり進歩しないようである。それにしても中国で、こうして初めから人間に貴賤の差があったというのは、興味ぶかい。

「黄帝」は、鄒衍《すうえん》が中国最古の帝は黄帝であると言いだしてから、皇と黄の発音が同じこと

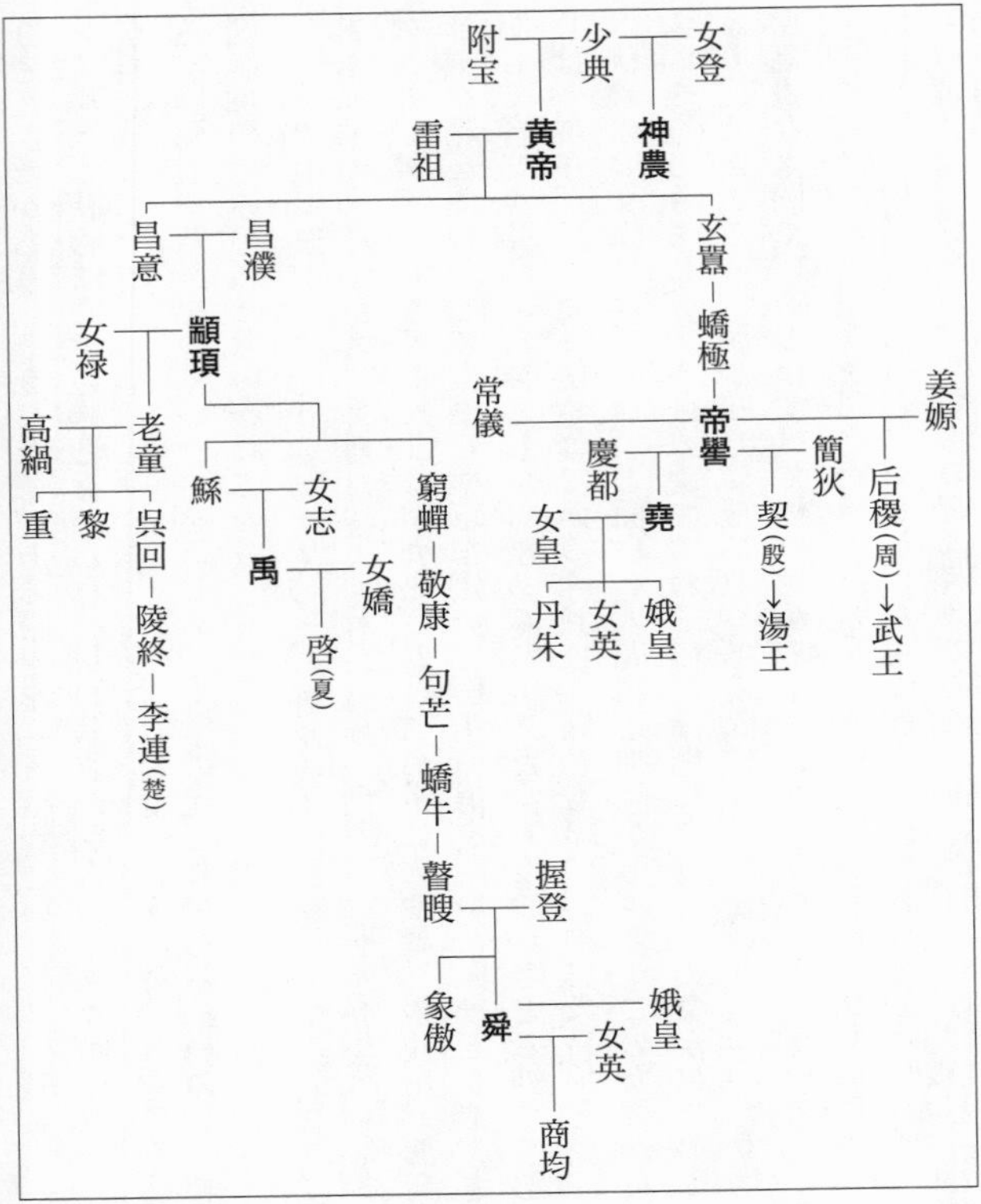
女登
少典
附宝
神農
黄帝
雷祖
玄囂
蟜極
帝嚳
姜嫄
常儀
慶都
簡狄
后稷(周)→武王
契(殷)→湯王
堯
女皇
丹朱
女英
娥皇
昌濮
昌意
顓頊
女禄
老童
高緺
重
黎
呉回
陸終
李連(楚)
鯀
女志
禹
女嬌
啓(夏)
窮蟬
敬康
句芒
蟜牛
瞽瞍
握登
象傲
舜
娥皇
女英
商均

中国神話の系譜

もあって、もっとも偉大な祖先神と考えられるようになったといわれる。

もともと「帝」というのは死んだ王の霊魂を意味していたが、それがやがて在天の祖先神となり、さらに宇宙を支配する天神をさすようになったのである。それゆえもともとは、人格神であったといえよう。それを天子、国王の称号にしたのは、秦の始皇帝（紀元前三世紀）が始めである。しかも〝英君〟をあらわす「皇」と「帝」と合わせて、三皇五帝よりも秀れているという意味で命名したわけである。ちなみに、始皇帝のつくった大帝国「秦《しん》」の名がChinaの語源になっていることはよく知られている。

黄帝の母は、北斗星のまわりに電光が閃《ひらめ》くのを見て彼を身ごもり、二十五ヵ月をへて生まれたというから、おそらく桁はずれの過熟児だったにちがいない。黄帝には、生まれながらに霊力がそなわっていたため、異母兄神農《しんのう》（炎帝）の代が衰えたとき、軍神の蚩尤《しゆう》をたおして、最初の帝王になったといわれ、麻の衣服、五穀栽培、住居造り、牛車や馬車、貨幣や度量衡、衣服で貴賤の別を示す礼制を考案したほか、十干十二支や五音、漢字などもつくったといわれている。また道教思想では、最終的には黄帝がその始祖とされており、神仙術も黄帝によるものと考えられている。

「少昊《しょうこう》」は、金天と号し、太白金星の子供ともいい、西方の長留山《ちょうりゅうざん》に住み、落日をつかさどったといわれている。

「顓頊《せんぎょく》」は、高陽といい、あばら骨一枚で力が強く、北方をつかさどり、人を愛する平和主義者で、五行説の基礎をうちたてたといわれる。

「帝嚳《ていこく》」は、高辛ともいい、生まれながらに神のごとき知恵があったとされ、木徳をもつ聖帝として尊敬されていた。

〔五臓六腑について〕元来は、五行説に従って五臓五腑であったが、のちに陰陽説の影響を受けて、五腑に「三焦《さんしょう》」が加わり、「六腑」となった。臓とは中の詰まったもの、腑とは中空のものをさすという。

「五腑」とは、木火土金水の順に、胆、小腸、胃、大腸、膀胱をいい、そのうちの小腸を相火の「三焦」（陰）と君火の「小腸」（陽）とに分けて六腑とした。

三焦とは古代の書『黄帝内経』にある漢方医学用語で、当時は架空の内臓と考えられていた。「焦」とはいわば「熱源《ヒーター》」という意味で、現代的な言いかたをすると、三焦というのは、循環、消化、排泄などをたすける内分泌器官と考えられる。

五行の相生と相剋とは

五行説には「相生」「相剋」という二つの決定的な関係がある。よく「相性《あいしょう》がいい」というが、それは相生のことである。

例えば、惑星の五行をとりあげてみよう。木星や火星はそれだけで単独にあるのではなく、それぞれの惑星がおたがいに関係をもって作用し合っていると考え、その惑星と惑星の間によい関係と悪い関係があると定めたのが「相生、相剋の原理」だといってよい。

この関係を「易」の吉凶に結びつけて、〝相性がよいから吉である〟〝万事が順調に進む〟とか、〝相性が悪いから凶である〟〝万事がつまずく、悪い結果になる〟というふうにエスカレートして、科学時代とは裏腹に大きな影響をあたえているのである。

五行相生について

ひと口にいえば「木は火を生じ、火は土を生じ、土は金を生じ、金は水を生じ、水は木を生ず」という関係を「五行相生」という。

〔木は火を生ず〕　これは「木生火」と書き、木が燃えて火となり、木と木が擦り合わされて火となって燃えさかるという関係（木↓火の関係）である。

〔火は土を生ず〕　「火生土」といい、火が燃えたあとには必ず灰が残る。灰とはすなわち土であるというわけである（火↓土の関係）。漢民族が住みついた黄河流域は、文字通り一面の黄土と黄塵と黄色の濁流である。その黄土とグレイの灰とを同一視したわけだが、とにかく灰を土と考えたのである。

〔土は金を生ず〕　「土生金」とは、土が集まって山となり、山から鉱物（金属）が産出するという関係（土↓金の関係）。

〔金は水を生ず〕　「金生水」というのは、鉱物（金属）

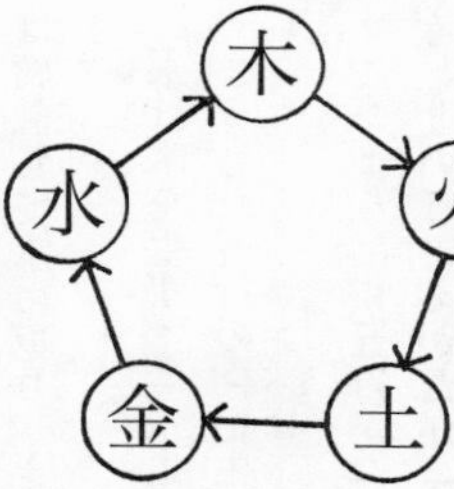

五行相生とは、木→火→土→金→水の順序

は腐蝕して水に返り、また溶融すれば液体（水）になるという関係（金→水の関係）をいう。

〔水は木を生ず〕「水生木」は水を養分として木が生育する姿を示す（水→木の関係）。

　こうした五行の「相生」関係を図にあらわしたのが前図で、この順序を「木火土金水《もっかどごんすい》」という。

　このように、五行が「木火土金水」の順序にあれば、〝おたがいに助けあうよい関係にある〟という考えかたが「五行相生」である。したがって、「木は朽ちて土に返る」あるいは「火の発見から金属文化が生まれた」などと考えてはいけないのである。

五行相剋について

「木火土金水」の「相生」の順序にたいして、「水は火に勝ち、火は金に勝ち、金は木に勝ち、木は土に勝ち、土は水に勝つ」という関係を「五行相剋」という。

〔水は火に勝つ〕「水勝火」といい、燃えさかる火に水をかければ消えるという関係（水×火の関係）。

〔火は金に勝つ〕「火勝金」は、火中に金属を入れると溶解してしまうという関係（火×金の関係）。

〔金は木に勝つ〕「金勝木」というのは、金物の斧や刃物は大樹も伐り倒すという関係（金×木の関係）。

〔木は土に勝つ〕「木勝土」とは、どんなに固い大地でも木はそれを押しのけて伸びていくという関係（木×土の関係）。

〔土は水に勝つ〕「土勝水」といい、土は流れる水をせきとめ、あるいは大地に吸いこんでしまうという関係（土×水の関係）。

　このようなおたがいの順序関係を五行相剋という。

　もともとはこれを「五行相勝」とあらわしたが、相生と相勝では発音が同じなために、相勝は相克《そうかつ》と改められ、現在ではさらに相剋《そうこく》といっている。ただ「剋」には「克《か》つ」のほかに「刻む」という意味があり、「刻」には「害《そこな》う」という意味があったため、ついには「殺す」という意味にまで発展してしまったのである。なにやらコマーシャル顔負けの拡大解釈になっているところに、逆に特徴があるということもできよう。

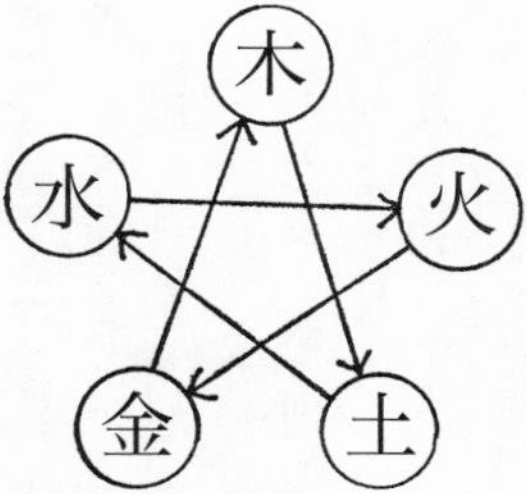

五行相剋の関係

　それはともかく、五行相剋というのは、五行が「木土水火金」の順序にあれば、おたがいに背を向け、ついには殺《さつ》戮《りく》し合うほどの悪い関係にあるという考えかたである。〝水火〟という言葉は、今でいえば〝水と油〟で、エジプト神話のマルタとシリウスの悲しい恋物語が浮かんでくる。

　さて、この五行相生の関係が、のちに「相性」と変わり、「合性」となって、男女の性格が一致しているとか、縁談がまとまるとかいったことに使われるようになった。

結局、「合性がいい」というのは、ただ単に五行説の上で「相生関係にある」というそれだけのことにすぎない。それだけのことを持って回ったように、深遠きわまる複雑な理論であるかのごとく振り回すのは、科学的な物の考えかたとはいいがたい。もちろん、その単純な原理に肉づけされた人間観のなかには、長い人類の歴史を踏まえた哲学的洞察のこめられたものもあるだろう。しかし少なくとも、そこに数学的な「遊び」があることは確かである。

余談ながら、茶道にも五行があるので、ここで一言触れておくことにしよう。茶道では炉中に五行が封じられているとして、炉の縁が木、炭火が火、炉壇は土、釜が金、釜のなかは水、というわけで、これを炉の五行というようである。茶道にも完全な宇宙観があるという説明に使われるのであろう。

季節の五行配当

西洋では、春夏秋冬はそれぞれ春分、夏至、秋分、冬至からはじまるが、中国や日本では、旧暦の春は立春から、夏は立夏、秋は立秋、冬は立冬からはじまった。

この四季に五行を当てはめるについて、前漢の儒学者、董仲舒《とうちゅうじょ》はつぎのように考えた。要

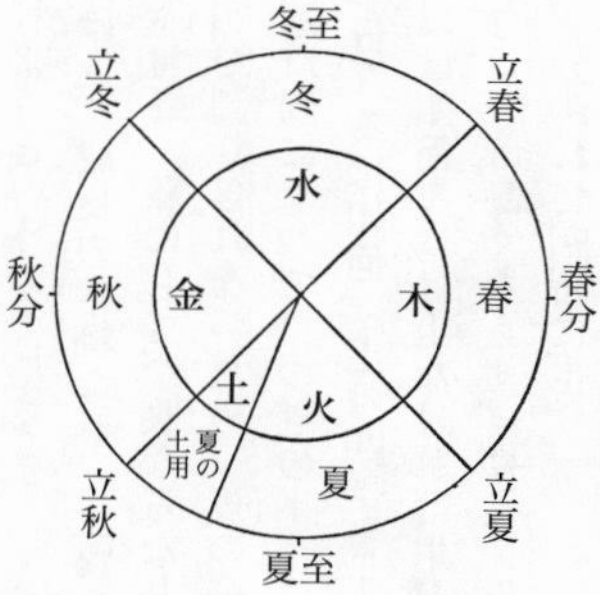

	五行	季節		五行
	水	冬		水
相剋				
	土	冬の土用	相生	
相剋				
	木	春		木
相剋				
	土	春の土用	相生	
相生				
	火	夏		火
相生			相生	
	土	夏の土用		土
相生			相生	
	金	秋		金
相生				
	土	秋の土用	相生	
相剋				
	(水)	(冬)		(水)

季節の五行配当図

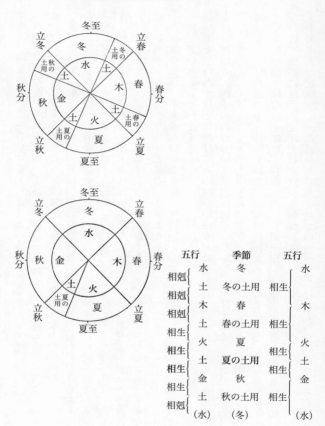

するに、四季のほかに「季夏」を入れようというのである。

「木は春、生の性、農の本なり。火は夏、成長の本軸《もと》なり。土は季夏（晩夏）、百種を成熟せしむ。金は秋、殺気の初めなり。水は冬、蔵にして至陰なるなり」

五行を四季に配当するのに、五は四で割りきれないため、夏の終わりに土を割りこませたのである。これは後に、後漢の歴史家班固《はんこ》によって、つぎのように変えられている。

「木、火、金、水の生ずる、七十二日なるは如何。土は四季各十八日に生ず。合して九十日、一時とす。土の四時に生ずる所以《ゆえん》は如何。木は土なければ生ぜず、火は土なければ栄えず、金は土なければ成らず、水は土なければ高くならず。ゆえに五行のこもごも生ずるも土によるなり。土をもって四季に置き、分かれて四時に生ず」

これはつまり、木火金水は土より出て土に返るから、土が五行の根本で、四季はすべて土を含んでいるというのである。

一年を三百六十日とすれば、その四分の一を一時といい、九十日になる。その五分の一が十八日だから、四季の終わりの十八日間には土気を生じ、土が物を変化させるという意味で「土旺用事」といい、略して「土用」といった。したがって、もともと土用とは、立夏、立秋、立冬、立春前の十八日間をいい、一年に四回あったことになる。

しかし、確かに暦の上では、春の土用、夏の土用、秋の土用、冬の土用と四つの土用があるのに、実際には夏の土用だけが注目されているのはなぜだろう。

季節の五行配当図（一八九ページ）を見ていただきたい。五行を図の上から右廻りに、隣り合った二つをそれぞれ、相生、相剋から見ていくと、「水土」は相剋、「土木」は相剋、「木土」は相剋、「土火」は相生、「火土」は相生、「土金」は相生、「金土」は相生、「土水」は相剋となる。

すなわち、夏の土用だけが、両側の夏・秋と相生関係にあり、他の土用はすべて両側とも相生になっていないことがわかる。そこで、夏の土用だけを残して他を取り除いてしまうと、同下図のようになる。

この図に見るように、上から右廻りに、水木火土金となって、すべてが相生関係になる。このために夏の土用だけが観念的に重視されて、今日では土用といえば夏の土用を指すようになった。

ところがこれは偶然、先に引用した董仲舒の五行配当と同じなのである。理論としては班固、実用としては董仲舒という判決にしておこう。

〔土用について〕　夏の土用だけ実用化されているので、ここでは夏に限ることにしよう。土用は立秋から十八日前にはじまるので、現在では七月二十日ごろが土用の入り、立秋の前日が土用明けということになる。

土用の丑の日といってはよく鰻を食べるが、アリストテレスも「鰻は泥から生じた」といっているように、古くから知られており、日本でも万葉時代からあったらしい。

石麻呂に吾もの申す　夏やせに良しといふものぞ　むなぎ《うなぎ》とりめせ

という大伴家持の歌は料理屋でもよく見かけるし、土用の丑の日と鰻との関係も、江戸時代の科学者平賀源内が商売不振の鰻屋に、「本日土用丑の日」と貼り紙を書いてやったのが始まりという俗説はよく知られている。

土用に暑気あたりを避けるとして、鰻だけでなくうの字のつく瓜や牛肉やうどんを食べる習慣もあり、「土用の根接餅」「土用しじみ」「土用卵」を食べるのも同じである。

なお土用の三日目を「土用三郎」といい、農家の厄日とされているが、ついでながら、四厄日というのもあって、このほかに「梅雨太郎」「八専次郎」「寒四郎」が入る（八専とは六十干支の四十九番目壬子《みずのえね》から六十番目の癸亥《みずのとい》までの十二日間。八専のうち八日間は干支の五行が比和となって同気が重なっているため、天地の釣り合いがとれない天候不順の時期といわれ、次郎とはその二日目、癸丑《みずのとうし》の日である。寒四郎とは寒の入りの四日目をいう）。

第九章　干支と聖数のロジック

「干支《えと》」にはこんな意味がある

ふだん私たちはよく、「あなたの干支《えと》は何ですか」と聞いたり、「干支《えと》は申《さる》です」と答えたりするように、「干支《えと》」という言葉を耳にするが、「干支《かんし》」と書いて「えと」と読むのはどうしてだろうか。まず、そのような疑問に答えながら、干支の構造を見てみよう。

もともと「干」という文字は、若干などのように物を数える言葉で、一個、二個と数えるときの「個」とおなじ意味がある。一方、「支」は、支流とか支給するなどのように、一つのもとから分かれ出る区分という意味だといわれている。そのほかの意味を考えても、とうてい「干支」は「えと」とは読めない。

ご存じの方も多いように、干支というのは十干と十二支、またはその組み合わせのことであるが、この十干も十二支もそもそもが日や月を数えるのに使われた数詞で、伝説的には、黄帝が大撓《だいとう》に命じてつくらせたといわれている。確かなところでは、すでに殷の時代には使われていたと考えてよいだろうが、当初は「十日十二辰」であったのが「十母十二子」という結びつきの語感のつよいペアとなって、現在の「十干十二支」に定着したといわれている。

さて、十干とは、

甲　乙　丙　丁　戊　己　庚　辛　壬　癸

をいい、十二支というのは、つぎの通りである。

子　丑　寅　卯　辰　巳　午　未　申　酉　戌　亥

十干が日を数える数詞として使われるについては、両手の指の数が十本であることが決定的な要因になったといってよい。両手の指の数が十本であるために、日を数える単位もそれにならったと考えるのはさほど抵抗がない。物を勘定するのと数を数えるという操作は、物と数とを対応させることであるが、じつはこれがもっとも基本的な「数の原理」なのである。

しかも、ソロバンや電卓のなかった古代人が物と数とを対応させるのに、両手の指を使ったにちがいないのは、それがもっとも間違いのない手近な方法だからである。

古代の中国でも十日を一単位としたことは、十日を示す「旬」が「満たされる」「十日で満了」という意味であることからもうなずけるが、この「旬」は、上旬、中旬などの他に、果物、野菜、魚の食べごろ、もっとも味の満ちた時期の意味で「しゅん」という言いかたに残っている。

さて、十干の原義にも字義にもいろいろの解釈があるが、ここでは以下のような原義をとった。十干という数が暦に関係している以上、農耕生活に関連があったと考えられるからである。


〔甲〕甲冑のことで、種子が発芽してまだ厚い外皮をかぶっている状態である。

〔乙〕彫刻刀の曲がった形で、草木が伸びきらないで屈曲している状態を示す。

〔丙〕神に生贄《いけにえ》を供える机で、生贄を火で赤々と燃やし、草木が伸びて形をはっきりとさせる状態。

〔丁〕釘の形で、また物を数える数詞と考えられる。

〔戊《ぼ》〕木と戈《ほこ》で、矛と同じ意味。草木が生い繁って戈を加えねばならないほど盛んな状態。

〔己《き》〕長い糸の端が曲がっている形で、起の原字。草木が十分に伸びていく状態。

〔庚《こう》〕固い芯のことで、更と同じ意味。十分に成熟して新しくあらたまった状態。

〔辛《しん》〕入れ墨をする針で、尖っていて物を刺激するところから、草木の枯れていく状態。

〔壬《じん》〕女性が妊娠した形で、草木が種子の内部に新しい生命を妊《はら》んだ状態。

〔癸《き》〕四方に刃が突きでた戈のことで、これを使って測ることを意味し、種子の内部が測りうるほどに成熟した状態を示す。


すなわち「十干」というのは、必ずしも植物に限らなくてよいかもしれないが、草木が厚い殻をかぶった種子からしだいに成長して、葉が繁って大きく育ち、やがてつぎの世代へ種子を残して枯れていくかわりに、その種子がはっきりわかるほどに大きく育っていく姿をあらわしているといってよい。そういう一連の草木のライフ・サイクルが、農耕を主体とする漢民族の数詞の順序として芽生えたものと解釈するのが自然だからである。

もちろん、これはあくまで一つの解釈であって、十干そのものの使命は、日を数える抽象的な数詞の役割をはたす文字であるにすぎないことを明記しておきたい。

ところが、この、日を数える数詞にすぎない十干に、もともと無縁の陰陽五行説を当てはめて、つぎのように定める発想があらわれた。中国の戦国時代に呂不韋《りょふい》という学者が編集した『呂氏春秋』である。

甲乙を木　「き」
丙丁を火　「ひ」
戊己を土　と定め　「つち」　と読む。
庚辛を金　「かね」
壬癸を水　「みず」

さらに、十干の前半（陽干）と後半（陰干）とを陰陽の対立と見たてて、

甲丙戊庚壬　を陽　と定め　兄《え》　と読む。
乙丁己辛癸　を陰　弟《と》

ときめたのである。こうすると、陰陽の二と五行の五とも合致するし、しかもその二と五の公倍数が十となり、これは十干と陰陽五行説を結びつけるには、まさにうってつけであっ

た。

陽と陰が、剛と柔、男と女などのように対立的発想であることはすでに述べたが、十干の陰陽を兄弟という対立にして、「兄」「弟」と記し、五行の「木火土金水」をそれぞれ訓読みにしたのが、

甲（きのえ）丙（ひのえ）戊（つちのえ）庚（かのえ）壬（みずのえ）
乙（きのと）丁（ひのと）己（つちのと）辛（かのと）癸（みずのと）

である。したがって、「えと」とは兄弟《えと》に由来している。つまりは陰陽のことであり、陰と陽に分類した十干というか、十干の総称といってよい。それゆえ厳密にいえば十二支とは関係がない。関係がないのに、干支を「えと」と読ませるのは少なくとも論理的ではない。ただ、上記のように干支の暦を横に読むと、「えと、えと、えと……」と続いているために、「えと暦」というようになったのであろう。

きの**え**	さる	木の兄
きの**と**	とり	木の弟
ひの**え**	いぬ	火の兄
ひの**と**	い	火の弟
つちの**え**	ね	土の兄
つちの**と**	うし	土の弟
かの**え**	とら	金の兄
かの**と**	う	金の弟
みずの**え**	たつ	水の兄
みずの**と**	み	水の弟
……………	…………	…………

「甲乙」「ABC」のランクづけ

この十干を現在でも単なる抽象的な記号あるいは番号として用いている例がある。

数学の問題にも、よく「甲は乙より三歳年上で……」とあ

り、また日常生活のなかで、不動産売買や保険契約などのさいに契約書を取り交わすが、そうした契約書に、「売り主を甲とし、買い主を乙とする」などと出てくるのがそれである。これは人物に十干を対応させて数詞の役割を担わせているわけである。なにか古めかしい感じがしないでもないが、他に名案もないのであろう。

また「甲乙をつけがたい」という言葉は優劣をつけがたいということで、「甲乙」とは「優劣」という意味であるが、では、「おっつかっつ」はどうだろう。これは「乙甲」であって、いい勝負だとか、同じ程度だという意味であるから、甲乙が逆転すると、こんどは「優劣がない」という意味に変わる。乙が甲の上にくると、元来劣った数値の乙が甲をしのぐことになって優劣がわからなくなるのかもしれない。

それはそうと、私が旧制中学のころには、成績が甲乙丙丁でついていた。昨今ならＡＢＣＤとか

†十干の異称

十干は、掛軸や書または詩などで古い表現が用いられている。『爾雅』という書物にあり、文人が好んで使った。

甲　閼逢《あつほう》　　庚　上章《じょうしょう》
乙　旃蒙《せんもう》　　辛　重光《ちょうこう》
丙　柔兆《じゅうちょう》　游兆《ゆうちょう》（史記）　昭陽《しょうよう》（史記）
丁　強圉《きょうぎょ》　　壬　玄黓《げんよく》
戊　著雍《ちゃくよう》　　癸　昭陽《しょうよう》
己　屠維《とい》

†十二支の異称

十二支にも、古い表現が残されている。これも『爾雅』にある。

子　困敦《こんとん》　困頓《こんとん》　　午　敦牂《とんしょう》
丑　赤奮若《せきふんじゃく》　　未　協洽《きょうこう》
寅　摂提格《せっていかく》　　申　涒灘《とんたん》
卯　単閼《たんあつ》　　酉　作噩《さくがく》
辰　執除《しつじょ》　　戌　閹茂《えんも》
巳　大荒落《だいこうらく》　　亥　大淵献《だいえんけん》

54321といったランクになるが、当時は、甲を電信柱、乙をアヒル、丙をカバンとか兵隊、丁をトンカチなどと称していた。これはもちろん優劣の順序で、不合格が丁だった。のちには「優、良、可、不可」という採点となった。表記が優劣をそのまま示すことのよしあしはわからないが、優から良へそして可へ、字画数が十七画、七画、五画と減ってしだいに待遇が悪くなっているのは偶然だとしても、抽象的な順位、階級を示すだけではないような感じがするのは筆者だけではないだろう。

その後、優の上に「秀」というランクができて、最もよい、最高という意味をもつようになったが、これは優のなかでもとくに優れた者に特別な評価をあたえたいという人間の本性にある願望のあらわれであり、また区別意識のあらわれともいえるだろう。

料理屋や食堂などの衛生保証書には、現在でも「秀」が使われている。大きな額縁のなかで、「秀」の字が誇らしげに店内を飾っているのだが、じつは「秀」というのは、優よりも上位にあるわけではなく、とくに選ばれたものへの評価ではあっても、「優」ランクであることに変わりはないと考えるのが正しいのである。しかし、「秀」は優より上位にあると考えるのが現実の感覚であろう。

現在では成績評価にABCDを採用しているところが多いが、現実問題として不合格のDランクはつけないことが多いようである。これは不合格だったのか、その学科を履修しなかったかの区別がつかないように配慮した苦肉の策であろう。

三つに分けるか、四つに分けるか

さらに、合格と不合格とに分けるのはよいとして、合格を区分するときの数が問題になる。ＡＢＣＤや甲乙丙丁のように四つに分けるか、ＡＢＣ、優良可と三つに分けるかということである。

ちょっと固いいいかたをすれば「四値論理」か「三値論理」かということになる。ここで登場するのが「聖数三」である。聖数三は、完全な姿としてとらえられるから、「ＡＢＣ」「優良可」「甲乙丙」という形で完結している。こうした三分法は、それだけで完全な表現だということになる。

したがって、一般的にはＡＢＣＤとか甲乙丙丁までを合格とはしないが、合格を三分するよりも四分するほうがより正確な分類ができるという発想との妥協点として、戦時中の兵隊検査などでは、甲種、第一乙種、第二乙種、丙種の四つの合格分類があったのであろう。もちろん聖数三を完全な形だとしても、人間は三分法だけでは満足しないものである。

音楽会を聴きにいこうとすると、ホールの座席にはＡＢＣ席のほかにＳ席がある。給油スタンドを見れば、レギュラーガソリンのほかにスーパーガソリンがある。新車が発売されると、一般のランクのほかにスペシャル仕様があるなど、まさしく「ウルトラ」「スペシャル」「スーパー」「エキストラ」などのコンクールである。

上にもう一つつけて、最上の、最高のという意を強調したくなるのが人間で、三分法を支配するもう一つの地位を求めるのである。このように、完全な「三」を支配し、包みこんで乗り越えるものを考えだして加上するのを「加上の理論」という。

例えば、古代中国における「天子」もそうで、天、地、人を支配する天子という考えかたは四分法ではないが、加上された天子がやがて堕落して三分法から四分法につながってきたことも否定できない。

優良可の上に秀を置いたのも同じだし、相撲の「三役」、大関、関脇、小結の上に「横綱」をつくったのも同じ例といえよう。横綱というのは、もともと大関のなかで化粧回しの上から太い〝横綱〟を締めることを許された力士をいい、大関の一部であったのが独立して一つの地位を獲得してしまった例である。

上へ上へと「特」とか「超」をつけていくのは、優越感や満足感をみたすのに十分かもしれないが、なんとなく日本的で言葉に流されている感がある。

確かに三分法には、聖数三の性質が働いて、完全な表現として安定する一面がある。「よいもの」「悪いもの」と二分するのではなく、そのどちらともつかぬ「中間のもの」に一つの存在を認めるところに三分法の価値があるのではないだろうか。いや、「中間のもの」はその両方の性質をもつがゆえに、そのいずれにも属さないわけで、その点に一つの評価をあたえるのが、あるいは三分法なのかもしれない。

そこには、二分するという冷酷な世界にたいする一種の論理の開き直りというか、人間らしさがあるといってもよい。

さて、聖数三は、宗教的にも歴史的にも、世界中の各民族に認められるところである。しかし「三」あるいは三分法を神聖化しても、そこに永遠の安定があるとばかりはいえない。それは、一つにはいま述べた加上の理論があって、上へ上へとつけ加える夢をふくらませるからである。

もう一つ、人間には三分法をさらに細かく三分しようとする傾向があり、これは三分法のさらなる三分法、つまり三×三分法を意味するが、人間の真に安住したい願望のあらわれともいえる。

例えば、レポートの採点でのA′（Aダッシュ）、B°（Bマル）などのランクや、習字で「甲上」「乙上」などという評価に見られるのがそれで、そこには幅広い一般的な意味での三×三分法が顔をのぞかせている。三をさらに三分することによって、安定度が高まると思われるからである。

以前、新聞社が国民の意識調査をしたときに、自分は中流の生活をしているという中流意識が八〇パーセント以上あったことが話題になったが、確かに、ものを漠然と評価するとき、「上中下」と三分割して考えれば、その評価は一つの区分として安定する。しかし、さらに三分してみると、実際に心の働きとして実感をともなう場合が多い。

実際、三×三分法では「中の中」「下の中」などのように、上中下をさらに三つに分けて、〝月給が上の下である〟とか、〝あのレストランは下の下だ〟とか〝あの選手は上の上だ〟とか考えるほうが、具体的なイメージがつかめることは確かであろう。

そういえば、最近の意識調査では「中流の下」意識のパーセントが上がっているようである。

それは、例えば九分割したランクの第六位というより、三分割した中流の下ではあっても「中流」だという意識のほうが強く働いて、より論理的な精度を高めながら、感情的なランクづけも入ってくるからであろう。

そのために、九つのすべてが機能を発揮しないで、あるランクは表現力が強く働き、あるランクは表現力が弱まって、その人その人のなかで心理的な安定が生じることにもなるわけである。

三分法としての聖なる論理は、ここでさらに三×三分法によって一段と聖化されることになる。いや、より人間化され、俗化されるといったほうが適切だろう。もちろん、加上の論理の「秀」「超」「特」にくらべれば、ほんのささやかな「俗」ではあるが……。

それでは、「三×三×三分法」というのはどうかというと、同じようにはいかない。例えば、「上の中の下」とか「中の下の上」などといっても具体的なイメージが結ばれず、混乱してしまう。もはや、人間の一般的な論理思考の限界を超えてしまうのである。聖数三がいかに完全なものであっても、それを繰り返していいものではない。「三×三」が一つの限界で、しかもそれは完全な姿ではないのである。

とにかく「三×三」には、そこに人間の夢と俗とを入りこませて、「三」をより聖化しようとする不思議な世界があるように思われてならない。

聖数「三」の意味

「三」は世界中で聖数と考えられてきたが、わが国で現存するもっとも古い歴史書とされる『古事記』には、天地開闢《かいびゃく》のとき、高天原にはじめて登場する神として三神が記されている(天之御中主神《あめのみなかぬしのかみ》、高御産巣日神《たかみむすびのかみ》、神産巣日神《かみむすびのかみ》)。この創世神話の三柱の神があらわれたというそのことが、数の論理から見れば、一つの歴史の完成を意味していたと考えてよい。

もともと「一」は絶対に不変で、万物の根源だという意味で人類にとらえられ、「二」は一にたいして対立する世界と考えられてきた。対照的な、相反するかたちとして、明暗、善悪、表裏、男女、剛柔、光闇、吉凶、陰陽などとして考えられる本質が「二」であるといえよう。

それにたいして、「三」は統一をしなおした新しい完成を意味している。すなわち固定した世界ではなく、動きから生まれた世界である。新芽が外にふきだして、固定したものから新しいふくらみを創造して完成した世界であり、二つの対立を超越してできあがった完全な調和で、それが聖数三を生みだしたのである。

ところで、原始時代の未開人は、物を数えるときに「一」と「二」だけで計算していたという研究がある。

南米のボロロ族も、1をコナイ、2をマコナイといい、セイロン島の原住民は、1をエッカメイ、2をデッカメイといって、それ以上の数詞をもたなかったといわれている。ボロロ族が3以上をどう数えたかというと、1はコナイ、2はマコナイ、3はコナイ・マコナイ、4はマコナイ・マコナイ、5はコナイ・マコナイ・マコナイ、6はマコナイ・マコナイ・マコナイというように、コナイとマコナイの組み合わせでつくったらしい。

たいへん面白いことに、これは現在、私たちがコンピューターで使っているプラスとマイナス（あるいは1と0）の二進法に一見似ている。二進法ならば、1はコナイ（＋）、2はマコナイ（－）、3はマコナイ・コナイ（－＋）、4はマコナイ・マコナイ（－－）、5はマコナイ・コナイ・コナイ（－＋＋）、6はマコナイ・コナイ・マコナイ（－＋－）となって、ボロロ族の3、5、6とは一致しない。

二つの数の区別しかない原始人たちには、数を認める直観力もなく、またそこから新しくつくる創造力もなく、ただ具体的に数を並べたにすぎない。ということは、数という抽象的なものがなく、「一」にたいしては神、「二」にたいしては否定と対立で、それがすべてだったということであろう。

それゆえ、そこから抜けだして「三」が考えられるということは、「多く」を意味したのである。もちろん直観的に「三」をとらえられず、ただ漠然と「多い数」だと受けとめたとしても、そこには一つのふくらみをもった全体があったにちがいない。しかし「三」以上はすべて「多い」ということであるから、直観的には「1、2、多い」というイメージの世界である。ここには新たな全体、再統一としての生命「三」がある。

フランス人がよく“Très bien!”（たいへん結構）というが、この「たい《ト》へん《レ》に」très と、数字の「三」trois《トロワ》とは、同じラテン語のtres《トレス》（三）から生まれたもので、英語のthrice（三度）にも「何度も」という意味があるところを見ると、「三」という概念には、「多数」の概念があったと考えてよいだろう。三を「多い」と理解して、それを一個のものと考えれば、それで全体が構成されるだけでなく、一つの新しい創造物ができたと考えられる。それが「三」である。

　ともあれ、世界中の民族が三を聖数としていたことは、古今東西いたるところに見ることができる。

　中国では、「天地人」を三元といい、彼らの思想の核になっている。老子も「道は一を生じ、二を生じ、三は万物を生ず」といっている。

　キリスト教でいう「三位一体」も、人間家族的な発想による三の聖化であり、ギリシャ神話で運命の神として出てくるクロト、アトロポス、ラケシスの三神にしても、北欧神話の過去、現在、未来をつかさどる「スクルドの三女神」も、同じ発想に裏打ちされているといってよい。イスラム教徒は、神に祈るとき、三度顔を洗い、三度祈りをささげるという。またインド神話の創造神ブラフマン、維持神ヴィシュヌ、破壊神シヴァが宇宙の原理の根源とされているのも、仏教で三宝「仏法僧」を教えの基本にしているのも同じ原理である。

　さきほどの『古事記』に記された三神のみならず、『日本書紀』にも創造三神があげられており、また現在の華道でいう「真副控」とか、書道や茶道の「真行草」の表現にも聖数三の発想がうかがえる。

最近はホテルで華燭の典をあげる人がふえているが、挙式だけは神前が多いようで、そこで交わす「三三九度」の盃（三献の儀）も聖数三に由来しているのはいうまでもない。神聖な盃事が神前でとり行われ、神に永遠の契りを誓うのも、聖数三が万物を包含するものと感じられた歴史があるからだろう。

「三すくみ」と「じゃんけん」

最近の子供には、蛞蝓《なめくじ》を知らない子がいるそうだから、「三すくみ」といっても、いちいち説明しないとわからない時代が来るかもしれない。「三すくみというのは、三者がたがいに牽制し合って、いずれも自由に行動できないこと。蛇はなめくじを、なめくじは蛙を、蛙は蛇を恐れるんだよ」と説明するのも気が進まないが、この三すくみというのは、中国の関《かん》尹子《いんし》が『文始真経』という書物のなかで論じたのが最初だといわれている。

そのなかでは「百足《むかで》」「蛇」「蛙」を主役としていたが、それが日本に伝来して「むかで」が「なめくじ」に変わったのである。

本来の三すくみの意味は、三つの状態が同時に存在して、たがいに牽制するから自由を奪うということだったようである。

ところで、われわれ日本人の好きな「じゃんけん」は本質的には三すくみであるが、三者が同時に存在しなければ三すくみが成り立たないという前提を逆に利用して、勝敗をきめる面白さがある。すなわち、じゃんけんには、それぞれが何にでも変化しうる自由があり、しかも三すくみであるから最強のものがないというわけで、協調を生み、公平な秩序を生みだす精神にもつながる日本独特のゲームであるといえる。

じゃんけんはまた「石拳」ともいわれ、その掛け声も最近では「じゃんけんぽん」(ポンは掛け声)から「ちっけった」「軍艦沈没ハワイ」「グリコ、チョコレート、パイナップル」と多様化してきているようである。

ただ、もともとのじゃんけんは「虫拳」で、拇指を蛙、食指を蛇、小指をなめくじとしてあらわしたものである。このほか、膝に両手をおいた「庄屋」(旦那)、両手で鉄砲を撃つ姿をまねた「狩人」(鉄砲)、両手で狐の耳を擬した「狐」で行うのが「藤八拳」で、狐が庄屋より強いのは、庄屋を化かすからだというところがなんともユーモラスである。

母親、和藤内《わとうない》、虎であらそう「虎拳」は、杖をついた形の「母親」、強そうに睨む「和藤内」、両手をついて前かがみに這った「虎」の恰好で勝敗をきめる拳である。近松門左衛門の人形浄瑠璃『国性爺合戦《こくせんやかっせん》』の主人公和藤内(国性爺)は、明朝《みん》の遺臣鄭芝竜《ていしりゅう》が日本に亡命しているときに生まれた子で、明の回復をはかって活躍する勇者であるが、この和藤内が当時の一般民衆の心をいかに魅《ひ》きつけていたかがわかるだろう。これはのちに「清正拳」となり、和藤内が加藤清正に変わって、槍を突きだし、「ヤア」と掛け声をかけ、虎が「ウォー」と吼《ほ》えるようになったという。

さて、このあたりでもういちど十二支へ戻ることにしよう。

第十章 六十進法の世界

「十二支」とは何か

十二支とは、もともと月を数えるための序数に使われた文字で、旧暦の十一月から十月まで、つぎのように、子《ね》、丑《うし》、寅《とら》、という順序で当てられていた。

子	丑	寅	卯	辰	巳	午	未	申	酉	戌	亥
十一月	十二月	一月	二月	三月	四月	五月	六月	七月	八月	九月	十月

中国でも、満月望から望まで、すなわち十五日から十五日までの月の形の変化する三十日間が一つの周期で、それを一つの単位として一ヵ月が生まれたわけである。太陽を一日とし、月を一ヵ月とする単位を生みだしたのは、黄河の流域でも、チグリス・ユーフラテス流域でも変わりはない。すでに述べたように、月《ムーン》は尺度《メジャー》だったのである。

同じ月の運動を十二回繰り返すと同じ季節になり、また自然に営まれる草木や動物の動きで時期の到来を知るという、いわゆる自然暦で一年をとらえるのが、古代人の暦の感覚だった。例にもれず、中国でも一年を月の満ち欠けによって十二に区分し、十二支に対応させていた。「支」とは区分するという意味なのである。

ところで、前に十干の意味を調べたように、十二支について探ってみると、それが自然暦そのままのイメージで並んでいるのがわかる。

〔子《し》（ね）〕小児が両手を動かすかたち。孳《ふえ》るという漢字と同義で、草木の種子がどんどん伸びて芽生えはじめる状態を示している。ネズミ算といわれるように、鼠は繁殖力が強い動物とされているので、「子《し》」に鼠を当てたのである。

〔丑《ちゅう》（うし）〕もともと「紐《ひも》」と同じ意味で、紐で締めつけることであるが、草木の芽が蕾《つぼみ》のなかで固く結んだまま十分伸びていないさまを示す。中国で「牛《ニウ》」と「紐《ニュー》」とが音声上似かよっていたため、牛が「丑」に当てられたと思われる。

〔寅《いん》（とら）〕敬してつつしむさまを示す言葉で、草木が地中でじっと成長の時期を待っている状態である。古代中国人が敬しておそれた動物は、百獣の王、虎（中国にライオンはいない）であったから、虎に「寅」が配当された。

〔卯《ぼう》（う）〕門の扉が左右に押し開かれたかたちをあらわし、草木が地面を押しわけて地上に萌えだす状態を示している。字形が両側に開いて兎の耳に似ているという発想から「卯」に兎が結びついた。

〔辰《しん》（たつ）〕大きな蛤《はまぐり》を手で開くかたちで、「振るう」と同義。草木が活力をふるって伸びる状態を示す。辰というのは中国で、大火・アンターレスを指す言葉であるが、この星は蠍《さそり》座にあり、この蠍のかたちを天にいる竜と考えて配当したと思われる。このアンターレス星は、殷の時代には、五月を定める尺度となるもっとも重要な星だったため、それが天にいる竜の心臓を示すと考えられたのである。

〔巳《し》〕蛇のかたちで、くねくねとしたさまを示す。古い字体では巳は巳であって、巳《し》は「止む」の意味があり、草木が盛りを極めて止まった状態をさしていた。ちなみに巳は、已《い》（やむ、すでに、のみ、ああ、と訓読する）や己《き》（おのれ、つちのと、と読む）とよく似て紛らわしいので、ご注意いただきたい。

〔午《ご》（うま）〕木偏に午と書くと、杵《きね》のかたちになるが、午はその杵の原字である。貫き、折り返す意味があり、草木が盛りの状態から、衰えはじめる折り返し時点をあらわしている。午は互《ご》と同音で、仲間を呼んで群棲する馬に配当された。

〔未《び》（ひつじ）〕呉音では「み」と読まれるが、木の枝葉が茂ることを意味し、草木が成熟した状態をあらわす。「未」の中国音が「ウェイ」で、羊の鳴き声に似ているところから、「未」を羊に当てはめた。

〔申《しん》（さる）〕人がまっすぐ伸びたかたち、電光をあらわすかたちでもあり、草木が十分に伸びきった状態を示す。猿が電光のように手を伸ばす仕草をするため、猿が「申」に配当された。

〔酉《ゆう》（とり）〕酒をいれる壺のかたちで、絞るという意味があり、草木の熟した実を壺に入れて絞る時節をあらわしている。「酉」と鶏とは結びつきが不明だが、生活にもっとも密着した動物として鶏を配当したのであろう。

〔戌《じゅつ》（いぬ）〕戈《ほこ》と斧のかたちから、木が伐りとられ、草木の亡びゆく状態を示している。農耕が一段落した時期に、狩猟に犬を使ったためだろうと思われる。

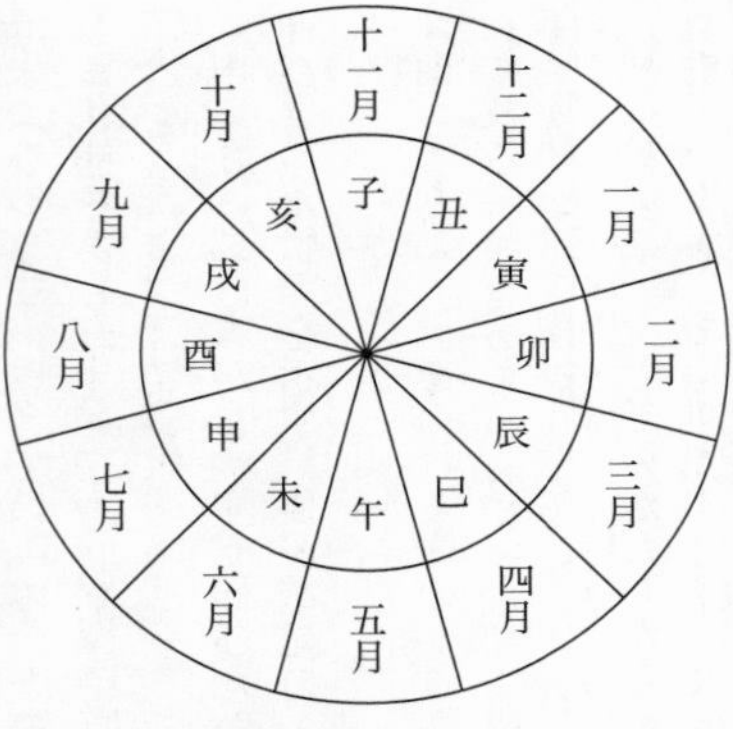

十二支と月の配当図（月は旧暦を示す）

〔亥《がい》（い）〕骨組みのかたちで、閉ざすという意味があり、草木が生命を閉ざして地中にもぐっている状態である。「亥」は、生まれたての小豚を意味する「豕《し》」と字形が似ているところから、「亥」から豕に、さらに猪と結びつけられたのである。

もちろん十二支の原義や字義については、このほかにもさまざまな解釈があるが、やはり農耕生活を反映する自然暦の発想をもとに、草木の芽ばえから、成長、成熟、収穫へと移って、ふたたび大地に内蔵される経過と考えるのが自然なので、その解釈をとることにした。

この十二支を、のちに鼠、牛、虎などの十二獣に配当したのは、戦国時代（紀元前四〇三～紀元前二二一年）だろうといわれているが、後漢の王充《おうじゅう》によって『論衡』のなかに引用されたのが最初である。

抽象的な発想の苦手な古代人が、身近な動物を選んで配当したのは当然であろうが、これはまた、すでにカルデア時代につくられていた「黄道十二宮」というオリエント思想や、その後の西洋的発想をふまえたものと考えることもできる。

中国でもっとも身近な動物である猫が十二支に入っていないことについては、ご存じのように、猫が鼠にだまされて天帝の前に伺候できなかったためであるという、中国から伝わったと思われる説話がある。

日本でも、南部盛岡の「絵暦《えごよみ》」が現存し、絵だけで暦がわかるように工夫されている。

十二支の五行配当

月を数える十二支にも、陰陽五行説が当てはめられて、つぎのように定められた。この場合も十干の場合と同じく、前半が陽、後半が陰となっている。

五行を十二支に配当するにあたって、『論衡』には、「寅、卯は木なり。巳、午は火なり。申、酉は金なり。亥、子は水なり」とあるが、丑、辰、未、戌のことが見当たらず、また何が五行の「土」に当たるかについても書かれていない。しかし丑、辰、未、戌に土を配当するしか解釈のしようはなかったのだろう。あるいは、ここにも十二を五つに分ける無理があったのかもしれない。

子《ね》	丑《うし》	寅《とら》	卯《う》	辰《たつ》	巳《み》	午《うま》	未《ひつじ》	申《さる》	酉《とり》	戌《いぬ》	亥《い》
水	土 ←	木		土 ←	火		土 ←	金		土 ←	水
陽						陰					

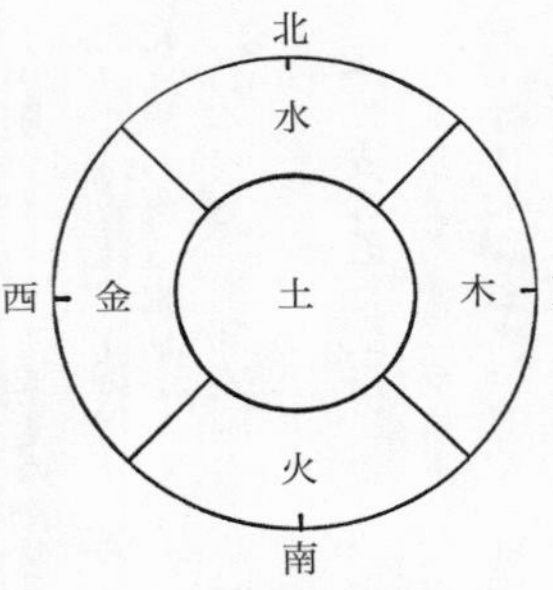

方位の五行配当図
(中央を土としている)

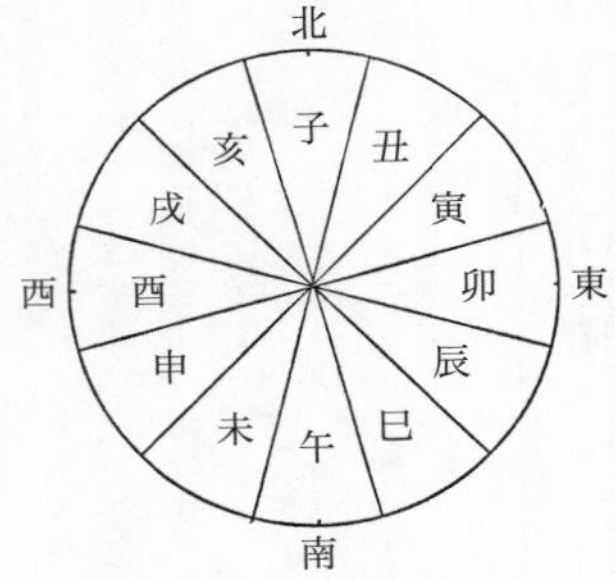

十二支の方位配当

この十二支は、また方位にも配当された。これは三六〇度を三〇度ずつ十二の方位に分けて、例えば、三四五度から一五度までを「子の方位」(五行では水)、一五度から四五度までを「丑の方位」(土)、四五度から七五度までを「寅の方位」(木)というふうに定めていったのである。「乾門」というのは皇居の西北(乾の方向)にあったし、江戸深川の遊里を「辰巳の里」といったのは深川が江戸城から巽《たつみ》の方角にあったからである。こうしてできた「十二支と方位」の五行配当図が次ページの図である。

ところが、五行説ではすでに、方位を別なやり方で五行配当していた。上の四方位五行配当図をご覧いただきたい。

「四方位五行配当」では、十二支方位とちがって、三六〇度のどこにも「土」は配当されていない。「土」は、四方位の中央にまとめて配当されていたのである。

十二支方位と四方位の五行配当が同じならば、問題はなかったが、例えば一方では北北東(丑)の方位が「土」になっているのに、もう一方では同じ方位が「水」になるという、たいへんな矛盾が生まれてしまったわけである。

この矛盾は、四方位に無理やり中央を加えて五行に配当したために起こったとも考えられるし、また十二支を五で割る無理な配当から生じたとも考えられるであろう。いずれにしても、五行説を万能な原理として、何から何まで、いっさいを取りこもうとしたところに無理があったようである。

十二支と方位の五行配当

この矛盾をとり除くために、中国人はこの二つの配当に優先順位をつけた。生活の知恵というべきなのかもしれないが、「十二支方位の五行を優先させる」ときめたのである。それゆえ、単純に方位だけから五行配当を考えると、北北東の方角は「水」だが、十二支の五行を優先させれば、「丑」の方位ということで、「土」になるわけである。

つぎに、十二支と季節の五行配当について調べてみると、ここにも五行配当に矛盾のあることがわかる。

いま、冬の土用の前日を考えてみよう。その日をx日とすると、x日は冬に属するから、五行は「水」である（次ページ）。ところが、x日は十二支の「丑」、旧の十二月に属するから、五行は「土」となって矛盾してしまう。そこで、この場合も十二支優先の原理にしたがって、「土」とせざるをえないのである。

土用は、各季節の終わりに十八日間あり、十二支は各三十日ずつあるから、その差十二日間にこのような矛盾が生じることになる。

ただ冬の土用のある一日をy日とすれば、y日のほうは土用に属するから、季節の五行は「土」となり、十二月（丑）の五行も「土」となって、ここでは矛盾が消えている。

十二支の時刻配当

十二支はまた、時刻にも配当されている。

現在、私たちは定時制を採用しているから、午前二時といえば、その瞬間を示すことになっているが、古くは二十四時間を十二支で割った百二十分間（二時間）を一つの単位として漠然と指す不定時制であった。それゆえ、「子の刻」というのは午後十一時から午前一時までの二時間を示していた。

剣術の名人宮本武蔵といえば、今日では、「約束の時間に遅れて人を待たせる名人」という代名詞に使われている。しかし宮本武蔵は、一六一四年、小倉の船島（岸柳島）で佐々木小次郎（岸柳）との果たし合いのさいに、小次郎と交わした時刻の約束を破ったわけではない。武蔵は確かに一刻《とき》（二時間）遅れて到着したのだが、指定時刻を始めと受けとるか終わりと受けとるかで、二時間のちがいが出てきたのである。不定時制の面白さを如実に示すエピソードといってよかろう。

午の刻のまんなかの時刻、正午の刻（定時、十二時）が現在の正午で、正午を境にして、その前を午前、その後を午後というのも、現代の言葉として生きている。

また、この正午や正巳など、正刻には鐘を打って、時を知らせたのが、時代小説などで、「暮れ六つ」とか「七つの鐘を聞いて」といわれる時報である。

十二支と季節の五行配当

しかも、正子の刻（午前零時）と正午の刻（午前十二時）が陰陽の境目になっていたため、正子の刻には鐘を九つ打った。それゆえ、正丑の刻には九つの二倍、十八打つわけだが、十八は多いので十を省略して八つ打ち、正寅の刻には、九つの三倍、二十七回から二十を引いて七つ打つという具合に、正卯には六つ、正辰には五つ鐘を打ったのである。

同様に正午には九つ、正未には八つと鐘を打ったが、急に打ちだせば、数え損なうものも出るだろうとの配慮から、はじめに弱く三つ捨て鐘を打って、人々の注意を喚起しておいてから、強く時報の鐘を鳴らしたという。

有名な落語「時そば」は、屋台の蕎麦《そば》を食べ終わった客が代金を払うときに、一文銭を一枚ずつそば屋の掌にのせてやり、

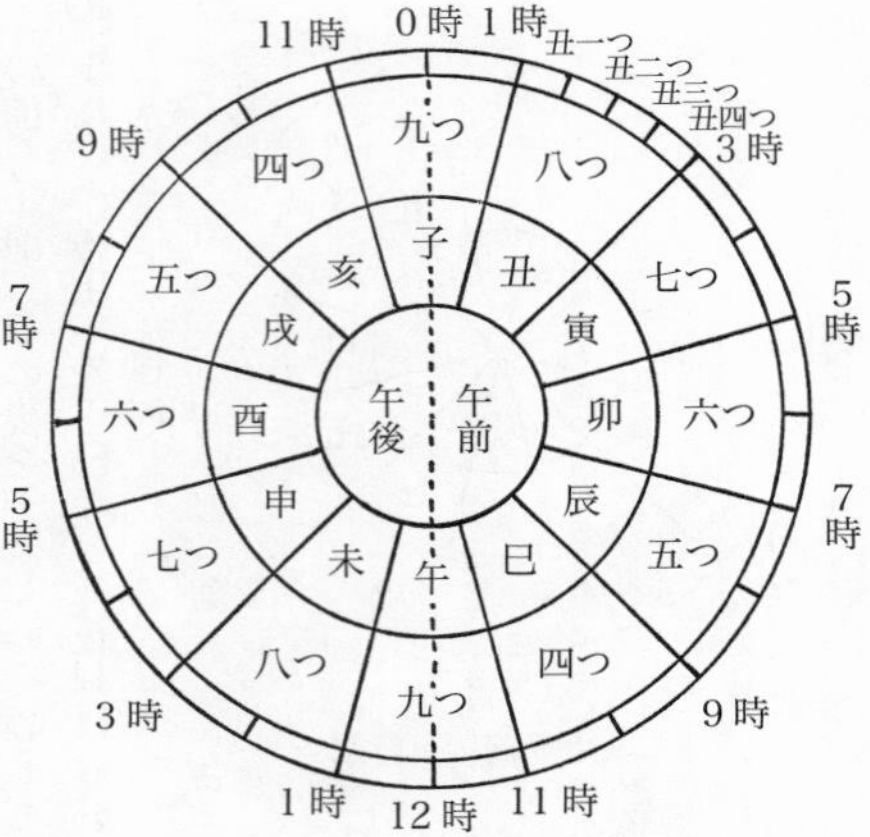

十二支	時刻	鐘
子	午後十一時〜午前一時	九つ
丑	午前一時〜午前三時	八つ
寅	午前三時〜午前五時	七つ
卯	午前五時〜午前七時	明六つ
辰	午前七時〜午前九時	五つ
巳	午前九時〜午前十一時	四つ
午	午前十一時〜午後一時	九つ
未	午後一時〜午後三時	八つ
申	午後三時〜午後五時	七つ
酉	午後五時〜午後七時	暮六つ
戌	午後七時〜午後九時	五つ
亥	午後九時〜午後十一時	四つ

十二支の時刻配当

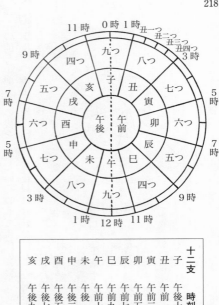

「何時《なんどき》だい？」

「九つで」

「とお、十一、十二、十三……十六」

とやって、まんまと一文ごまかしたが、それを聞いた粗忽者《そこつもの》が翌晩まねしたところ、時刻が早過ぎたために、かえって損をするという、たわいのない話だが、はじめの客がそばを食べたのは午前零時ごろ、あとの男は午後十時ごろだったことになる。

近松物にも「この世の名残夜《よ》も名残、死にに往く身を譬うれば、他《あだ》しが原の道の霜、一足ずつに消えてゆく、夢の夢こそ哀れなれ。あれ数うれば暁の、七つの時が六つ鳴りて、残る一つが今生の、鐘の響きの聞きおさめ、寂滅為楽《じゃくめついらく》と響くなり」（『曾根崎心中』）などとあるが、これは干潮が始まる午前四時ごろをさしている。現代人には宵っぱりの朝寝坊が多いからピンとこないかもしれないが、「お江戸日本橋七つ立ち……」と歌われるように、旅立つにも午前三時から五時ごろというわけで、朝起きるのも早ければ夜寝るのも早い当時の生活がうかがえる。

また、一刻（二時間）は四つに分けられ、三十分ずつ「一つ」「二つ」「三つ」「四つ」とあらわしていた。そのため、幽霊の出る時間をよく、「草木も眠る丑三つどき」というのは、丑一つが午前一時から一時半、丑二つが一時半から二時までだから、結局午前二時から二時半までの時間帯だということになる。

なお、「三時のおやつ」などというのは、「八つ刻《どき》」（午後二〜四時）に食べる間食のことである。

その他、昔は「丑雨はすぐに止む」といったらしいが、「丑雨」は丑の刻（午前二時）に降りだした雨のこと、また「卯酒」とは卯の刻、明け六つに飲む酒のことで朝酒をいい、「未草《ひつじぐさ》」というのは、なんのことはない、未の刻に開花するという睡蓮のことである。

年月日の干支の計算法

つぎに、年月日の干支を計算によって求める算出法をご紹介しておこう。年月日の干支、ことに日の干支については暦を見なければわからないのが現状だから、覚えておかれるとなにかと便利である。

ここでも、おなじみの「$y \equiv x \pmod{k}$」という合同式、「$y = kt + x$（tは整数）」を用いることになる。まだなんとなくなじめない読者のために、合同式について一例をあげると、時計を思い浮かべていただきたい。時計というのは、0時から13時間たつと、実際の針は1へ戻ってしまう。それから2、3、4と進んでも、また25時間目には1へ戻る。このように、13回進んでも25回進んでも1回進んでも同じ状態になるときに、13や25は12を法として1と合同になるといい、$13 \equiv 1 \pmod{12}$ および $25 \equiv 1 \pmod{12}$ と書くのである。

また、yを3で割ると、余りは3より小さいので、0、1、2のいずれかになる。ここで余り0は3と考えることにすると、yを3で割った余りは、1、2、3のいずれかになる。それゆえ、yを任意の自然数とすると、yは余り1、2、3のどれかと「3を法として合同になる」といえる。yがどんな自然数でも、この合同は成り立つわけであるから、すべての自然数は、この点で三つに類別されると考えることができる。

ある人Aが、別の人Bと同じ十二支であったとすれば、年齢差は当然12の倍数になる。いわゆる「一回りちがう」「二回りちがう」という場合である。これはまた、Aの年齢を12で割った余りとBの年齢を割った余りが同じということにもなる。それゆえ、Aの年齢をy、Bの年齢をxとすれば、つぎのようになる。

$$y \equiv x \ (mod\ 12),\ 1 \leqq x \leqq 12$$

ところで$y \equiv x \ (mod\ k),\ 1 \leqq x \leqq k$というのは、$y$を$k$で割った余りを1, 2, 3……, $(k-2)$, $(k-1)$, kとして、yの集合をk個の余りのグループに分けたことにもなるから、異なるyが同じグループに入ったとき、yは同じものと考えられる。こういうxのグループ（yをkで割った余りのグループ）を「剰余類」という。

これを「十干」にあてはめると、十年たてば、「干」はまた元に戻るわけであるから、法を10として10個の干に類別することができ、また十二支にあてはめれば、法を12として12個の支に類別することができる。

年の十干十二支を求めるには、まず西暦y年の十干をsとすると、つぎの式が成り立つ。

$$s \equiv y+7 \ (mod\ 10),\ 1 \leqq s \leqq 10$$

一九八二年の十干は、1982に7を足して、それを10で割ると余りが9となる。

t	1	2	3	4	5	6	7	8	9	10	11	12
十二支	子	丑	寅	卯	辰	巳	午	未	申	酉	戌	亥

s	1	2	3	4	5	6	7	8	9	10
十干	甲	乙	丙	丁	戊	己	庚	辛	壬	癸

$$1982+7 \equiv 9 \ (mod\ 10)$$

図表から9の十干を見ると、一九八二年の十干は「壬」であることがわかる。

また西暦y年の十二支をtとすると、

$$t \equiv y+9 \ (mod\ 12),\ 1 \leqq t \leqq 12$$

この式からtを計算して図表からtの十二支を求めると、西暦一九八二年の十二支は、1982に9を足して12で割った余りが11だから、答えは「戌」となる。

$$1982+9 \equiv 11 \ (mod\ 12)$$

こうして一九八二年の十干十二支は「壬戌《みずのえいぬ》」となる。年賀状などに見かけるこれらの干支は、「干支紀年法」として、今でもわれわれの生活のなかに生きているといえよう。

つぎに、月の十干十二支の求めかたは、西暦y年m月の十干をvとすると、つぎのようになる。

$$v \equiv 2y+m+3 \ (mod\ 10),\ 1 \leqq v \leqq 10$$

西暦一九八二年七月の十干は、

u	1	2	3	4	5	6	7	8	9	10	11	12
十二支	子	丑	寅	卯	辰	巳	午	未	申	酉	戌	亥

v	1	2	3	4	5	6	7	8	9	10
十干	甲	乙	丙	丁	戊	己	庚	辛	壬	癸

$$1982\times2+7+3=3974\equiv4\ (mod\ 10)$$

となり、上の図表から$v=4$を求めると、答えは「丁」となる。

同じく西暦y年m月の十二支をuとすると、

$$u\equiv m+1\ (mod\ 12),\ 1\leqq u\leqq12$$

という式が成り立つ。

例えば、一九八二年七月の十二支は、

$$7+1\equiv8\ (mod\ 12)$$

であるから、図表から「未」であることがわかり、前の十干と合わせて、一九八二年七月の干支は「丁未《ひのとひつじ》」となる。

最後に、日の十干十二支の求めかたをご紹介しよう。またまたガウスの記号［　］が登場する。例の［−2.6］＝−3, ［−4］＝−4という記号を思いだしていただきたい（五八ページ参照）。

西暦y年m月d日の「十干十二支」を求めるには、まずy年を上二桁と下二桁に分け、上二桁をc、下二桁を

q	1	2	3	4	5	6	7	8	9	10	11	12
十二支	子	丑	寅	卯	辰	巳	午	未	申	酉	戌	亥

p	1	2	3	4	5	6	7	8	9	10
十干	甲	乙	丙	丁	戊	己	庚	辛	壬	癸

nとする。この場合、前に述べたように、$1583 \leqq y \leqq 3999$としておく。

また、一月、二月のときはつぎの点に注意する。

（1）西暦年数yから1を引いて、$(y-1)$を式中のyと考える。

（2）ただし一月はmを13、二月はmを14とする。三月以降は、mはそのままでよい。

まず、西暦y年m月d日の十干をpとすると、つぎの式になる。

$$p \equiv 4c + \left[\frac{c}{4}\right] + 5n + \left[\frac{n}{4}\right] + 5n + \left[\frac{3m+3}{5}\right] + d$$

$$+7 \ (mod\ 10),\ 1 \leqq p \leqq 10$$

例えば、一九八二年七月七日の十干を求めると、

$$4c = 4 \times 19,\ \left[\frac{c}{4}\right] = 4,\ 5n = 5 \times 82,\ \left[\frac{n}{4}\right] = 20,$$

$$\left[\frac{3m+3}{5}\right] = [4.8] = 4,\ d = 7$$

$$518 \equiv 8 \ (mod\ 10)$$

となり、図表から「辛」であることがわかる。

つぎに、十二支をqとすると、

$$q \equiv 8c+\left[\frac{c}{4}\right]+5n+\left[\frac{n}{4}\right]+6m+\left[\frac{3m+3}{5}\right]+d+1 \pmod{12},\ 1 \leqq q \leqq 12$$

七月七日の《十二支》は、

$$8c=8\times19,\ \left[\frac{c}{4}\right]=[4.75]=4,\ 5n=5\times82,\ \left[\frac{n}{4}\right]=[20.5]=20,$$

$$6m=6\times7,\ \left[\frac{3m+3}{5}\right]=[4.8]=4,\ d=7$$

$$640\equiv4 \pmod{12}$$

となって、求める十二支は「卯」となる。

したがって、一九八二年七月七日の干支は「辛卯《かのとう》」である。

「六十干支」について

一〇と一二の最小公倍数は六〇だから、十干と十二支を組み合わせていくと、「甲子《きのえね》」「乙《きのと》丑《うし》」「丙寅《ひのえとら》」といった六〇の組み合わせができる。これを「六十干支」という。

十干十二支は、もともと日を数える序数詞と月を数える序数詞であったと前に述べたが、この二つを組み合わせて年月日に割りあて、暦にとり入れたのは、漢の武帝の時代、紀元前一〇四年の「太初暦」が最初である。

日本では、西暦六〇二年、推古天皇のときに中国から天文書や暦本が輸入されたが、その二年後の六〇四年に、はじめて暦日が採用されて「甲子の年」と定められた。日本で最初に暦が用いられたのは推古天皇のときであるから、それ以後の歴史は年代的に一応確定されるが、それ以前の年月日は結局のところ推定するほかはない。それにしても洒落た諡《おくりな》を天皇につけたものである。古《いにしえ》を推しはかる、推古天皇と名づけたのだから、ユーモアのセンスもある。

それはともかく、六十干支が年ごとに配当されると、たいへん困った考えかたが芽をふきだした。干支のもつ五行説の内容をそれぞれの年にあてはめ、その年がよいとか悪いとかといった解釈をくだす風潮があらわれてきたのである。これにはまた、中国の「讖緯説《しんい》」の影響も見落とすわけにはいかない。

古代中国の予言説讖緯説

この讖緯説というのは、かんたんにいうと古代中国で流行した一種の予言説で、「讖」とは予言を意味し、また「緯」とは、四書五経など儒学の経典である経書をよりどころとして、禍福とか吉凶などの予言をしるした書物をいう。中国ではこの説が先秦時代に起こり、漢末にはたいへん盛んになったが、弊害が多いので禁止されている。これが日本にも輸入されて、相当な悪影響をおよぼしたのである。そのほとんどは歴史の流れのなかに消え去ったが、現代にまで影を落としているものもいくつかある。

この説によると、たとえば「甲子《かっし》」は六十干支の最初だから、ものごとの始まりでなければならないとして、「甲子革令」が行われた。すなわち、天命が変わって一区切りがついた新しい年であるから、年号を改めなければならぬということで、しばしば改元を行ったのである。一八六四年に、孝明天皇が元治元年と改元したのも「甲子《きのえね》」の年で、その根拠になったのは甲子革令の発想である。ノストラダムスの向こうを張って、一九二四年にはああだとか、一九八四年にはこうだとか言いだす人間が出てこなかったのは幸いだが、古くは西暦という便利な数えかたが知られていなかったせいであろう。

しかし讖緯説では、天命が変わるのは甲子の年ばかりではない。「辛酉革命《しんゆう》」といって、「辛酉《かのととり》」の年にも天命が革《あらた》まるとされた。

古代の中国では、天命を絶対視していたから、帝王といえども天命を受けて世を治めるのであって、天命にそむいて国家の秩序をみだしたときには、天がその王位を剝奪して、新たなる帝王を即位させるという考えかたに立っていたのである。これが「革命」であって、フランス革命などのいわゆる近代的な革命とはまったく意味がちがっていた。しかも、年号は王の治世としての天命を果たす期間と考えられていたから、革命のさいに年号を変え、それによって新たな天命に従うことができるとしたのである。

こうして日本でも平安時代に三善清行《みよしきよゆき》がこの説をとりあげてから辛酉《かのととり》の年には、しばしば改元が行われ、じつは甲子革令の三年前の一八六一年にも、孝明天皇は辛酉の年、万延二年を「文久」と改めている。辛は「かのと」で木火土金水の金であり、酉の五行も金であるから、辛酉は金と金が重なり合って気が重く沈む。それゆえ天命を改めなければならない、というのがその拠りどころであった。

建国記念日はいつなのか

さてこの「辛酉」が建国記念の日の拠りどころにもなっているといったら、びっくりされる方も多いのではないだろうか。

七二〇年に編まれた『日本書紀』に、「辛酉《しんゆう》の年の春正月庚辰朔、天皇橿原の宮に帝位に就く」とあるように、辛酉革命は六〇年ごとに起こるが、この讖緯説には、さらに六〇年を一元とし、二十一元を一部《ほう》とすると、一二六〇年ごとの辛酉年には大革命が起こるという予言が含まれていた。

日本で初めて暦を採用したのが六〇四年、推古

†世界主要国の建国記念日

英国には建国記念日がない。アメリカでは一七七六年七月四日の独立宣言の日を「独立記念日」としている。フランスでは、一七八九年「七月十四日《ル・カトルズ・ジュイエ》」のバスティーユ牢獄撃破の日がフランス共和国の建国記念日である。中国では一九四九年十月一日、中華人民共和国の成立した日を「国慶節」としている。

日本では一八七二年、明治五年に『日本書紀』の記述にもとづいて、神武天皇即位の日を二月十一日と定め、「紀元節」といって建国記念日とした。これは、一九四五年、第二次大戦後に廃止されたが、一九六六年に「建国記念の日」として復活し、現在に至っている。

ちなみに、『古事記』『日本書紀』の記述を真実と信じたなかに本居宣長がおり、「神は人なり」といって、そこに歴史の陰を見た人に新井白石がいる。また津田左右吉は、それを為政者が天皇国家をつくりあげるために捏造した架空のものとの見解をとった。

天皇のときであるから、そこから遡って逆算すると、六〇一年が辛酉年に当たる。そこからさらに一二六〇年、つまり一蔀遡った年に大革命があったとして、その年が先にご紹介した『日本書紀』の記述にある「辛酉の年」だとの解釈のもとに、それを神武天皇即位に結びつけたのである。

これを日本の建国であると定めたのは聖徳太子だといわれているが、その真偽のほどはともかくとして、内田正男氏の書かれた論文を見ればわかるように、『日本書紀』には、編集するさいに多分に暦日を延長して、水増しして書かれたふしがある（『日本書紀暦日原典』）。したがって、『日本書紀』の記述が正しいものと考え、しかも神武天皇が実在の天皇であって、その即位をもって日本の建国とするという二つの仮説が実証されないかぎり、その即位の年月日は、神話世界にとどまるしかないのである。ただこうした仮説を信じれば、二月の十一日を建国の記念日とするつじつまは合っていると考えることができるだろう。

結婚のタブー、愛のタブー

科学の時代だというのに、昭和四十一年の「丙午《ひのえうま》」の年には、出生率の減少が、前年比でなんと二五パーセントを上回るほどだったという。とすると、この年に生まれた方は、受験戦争、入社競争から、昇進マラソンに至るまでライバルが少ない。じっくりと落ちついて勉学やスポーツに専念できれば、おのずとゆとりのある人間になるかもしれない。結婚相手としても将来性のある人間なら最高のはずである。

ところが、丙午生まれの女性は火のように気が強いとか、夫を食い殺すから結婚相手としてはまずいといったことが、現在でもいわれているようである。もちろん迷信だから意味はないにしても、いわれれば気になるのが人間の心情であろう。

じつは、これも丙は「火の兄」で、午も五行説では火であるから、火気が重なるというわけで、この年には火事が多いとか、丙午の女の子は嫁にするなといわれた、ただそれだけのことにすぎないのである。しかもそんなことをいいだせば、「丁巳《ひのとみ》」生まれも火気が重なるが、大正六年や、昭和五十二年に出生率が下がったという話は聞いたことがない。

ただ強いてこの迷信が勢いを得たことについては、一つには江戸時代の八百屋お七の史実につきあたるようである。結局のところは、この八百屋お七という年端もいかない少女が、ひたむきな恋に生きた事実を、当時の市民たちが江戸っ子気質ではやしたて、お七が丙午生まれだったために気性も強かったことにしてしまい、さらに江戸の大火にひっかけて、丙午の迷信が現代まで生きのびてきたといえよう。

つぎに「庚申《こうしん》」について触れておこう。最近では、ほとんどいわれなくなったが、庚申の夜に妊娠すると悪い子が生まれるという迷信がある。庚《かのえ》というのは五行の金にあたり、申《さる》も金であるから、金気が強く、万物が改まり冷酷になるというのが、五行説の骨子であるが、これには中国で起こった道教の教えがからんでいる。

それによると、帝釈天は昼夜四六時中、人間の言動を監視させるために、彭侯子《ほうこうし》、彭常子《ほうじょうし》、命児子《めいこし》の三神を下界へ遣わしたという。この三神は、金気で冷たくなった庚申の深夜、人間が眠りこんだすきに天へ昇って、人間の悪行をすべて報告するといわれた。そのため、庚申の夜には、三神が天へ昇れないように一晩中起きていることになり、それも町内や仲間全員が寄り集まって語り明かしているうちに、語り合いが飲み合いへと変わって、いわゆる「庚申待ち」という風習が生まれたらしい。

一説によると、三匹の虫が人体の頭、腹、足にそれぞれ住みついて、常時、人間の生活ぶりを見張っているという。この虫は上尸《じょうし》、中尸、下尸という三尸《さんし》の虫とされるが、これとは別に、青姑《せいこ》、白姑《はっこ》、血姑《けっこ》という「三姑の虫」が住みついているという説もある。

いずれにせよ庚申待ちという風習は、当時の人びとの運命共同体的な意識や連帯感をやしなううえでもプラスになり、相互扶助の思想も加わって、酒を酌みかわしながら語り合い、講などにも利用されるといった親しまれかたで長くつづけられてきた。

仏教では、帝釈天の使者で三神（または三尸、三姑）の本体といわれる猿の顔をした「青《しょう》面《めん》金剛」を祀り、それを庚申堂といって庚申の夜の集合場所としている。

神道では、猿田彦神《さるだひこのかみ》が祀られている。猿田彦神は、天孫瓊瓊杵尊《ににぎのみこと》が高天原から葦原中国《あしはらのなかつくに》へ向かったときに、八方に道が通じる八叉路に立ってガイド役をしたという、日本神話に出てくる道案内の神である。鼻の高さが四尺、背は七尺、鏡のように輝くほおずきのような赤い目をしていたといえばおわかりのように、「天狗」ともいわれている。

この猿田彦神が庚申に結びつけられたのは、申《さる》の語呂合わせだろうが、前の三神にかけて、「見ざる、言わざる、聞かざる」という三匹の猿になっているのは面白い。これは人間の悪行を帝釈天に報告しないでほしいという素朴な願望のあらわれと考えてよいだろう。猿田彦神はガイド神であったため、道祖神としても祀られるようになり、さらに庚申信仰と結びついて、道端によく見かける三匹の猿の石彫として残されている。

このように、最初は庚申の夜に一晩中起きているという風習であったのが、耳うちゲームと同じで、しだいに尾ひれがついてくる。「寝てはいけない」が「一緒に寝てはいけない」となり、さらに「セックスをしてはいけない」とエスカレートして、「妊娠してはいけない」という俗信が生まれてきたわけである。

ちなみに庚申生まれは盗人になるという馬鹿馬鹿しい言い伝えができたのは、石川五右衛門が庚申生まれだったというそれだけの理由からだが、クレオパトラと同年に生まれたからといって、だれでも絶世の美女になれたわけでもないだろう。

さて、現代では「己巳《つちのとみ》」の日とか「甲子」の日といっても、ピンとこない方が多いかもしれないが、弁天様や大黒様の日といえば、なんとなくなじみがあるかもしれない。

「弁天」は、もともとはサラスヴァティというインド北方の河の神で、音楽や弁舌の神として崇められていた。のちにヴァーチという言葉が知恵と財宝の神に結びつけられ、中国に入って「妙音天」「弁才天」などと訳されたが、日本へは聖武天皇のときに移入され、蓮華の上に坐って琵琶をひく眉目秀麗な女神として人気がある。後世になって、弁才天が「弁財天」と書かれるようになり、才能の神から、もっぱら財

†長寿の祝い

〔古稀《こき》〕　唐の詩人杜甫の詩、「人生七十古来

宝、金運の神にされてしまったようである。

「己巳の日」が弁財天に結びついたのは、一種の連想ゲームのようなもので、己巳の日は巳《み》の日、巳は蛇、蛇は水の神、水（河）の神は弁財天という図式と考えてよい。

一方、「大黒」は古代インドの破壊の神で、インドの三大神の一人といわれる宇宙の破壊神シヴァの化身とされる神である。その名を「マハーカーラ」（摩訶迦羅）といい、サンスクリット語でマハーは「大きい」、カーラとは「黒い」というから、文字通り「大黒」であるが、狂暴な忿怒《ふんぬ》の形相をして、夜な夜な人間の血肉をむさぼる鬼神であった。

これがのちに仏教にとりいれられて、仏法僧の三宝を守護し、悪魔を降し、飲食をつかさどる神とされ、忿怒と慈愛の両面をあらわす神となった。日本では、伝教大師（最澄）によって伝えられ、はじめは右手に剣と髪の毛、左手に剣と羊皮

稀なり」から七十歳をいう。

〔喜寿〕〝喜〟の草書〝㐂〟が七十七と読めるので喜の字の祝いともいう。

〔傘寿《さんじゅ》〕〝傘〟という字が八と十の間に人のいる字形になっていることから八十歳をいう。〝傘〟の略字が〝仐〟である。

〔半寿〕字の通り八十一歳をいう。

〔米寿〕米の字を分解すると八十八になるので、八十八歳を米の祝ともいう。八は〝多い〟という意味である。

〔卒寿〕〝卒〟の俗用として〝卆〟が使われ、文字通り九十歳をいう。

〔白寿《はくじゅ》〕百から一をとると白の字になるので九十九歳をあらわす。

〔皇寿〕〝皇〟という字を分解すると、百十一になるので百十一歳をいう。

†年齢の異称
六十歳を〝耆《き》〟、七十歳を〝耄〟（髪が白い）、八十歳を〝耋《てつ》〟（皮膚《ふ》が鉄色）、九十歳を〝鮐背《たいはい》〟（背に鮐様のしみ）という。

1 甲子《きのえね》	2 乙丑《きのとうし》	3 丙寅《ひのえとら》	4 丁卯《ひのとう》	5 戊辰《つちのえたつ》
6 己巳《つちのとみ》	7 庚午《かのえうま》	8 辛未《かのとひつじ》	9 壬申《みずのえさる》	10 癸酉《みずのととり》
11 甲戌《きのえいぬ》	12 乙亥《きのとい》	13 丙子《ひのえね》	14 丁丑《ひのとうし》	15 戊寅《つちのえとら》
16 己卯《つちのとう》	17 庚辰《かのえたつ》	18 辛巳《かのとみ》	19 壬午《みずのえうま》	20 癸未《みずのとひつじ》
21 甲申《きのえさる》	22 乙酉《きのととり》	23 丙戌《ひのえいぬ》	24 丁亥《ひのとい》	25 戊子《つちのえね》
26 己丑《つちのとうし》	27 庚寅《かのえとら》	28 辛卯《かのとう》	29 壬辰《みずのえたつ》	30 癸巳《みずのとみ》
31 甲午《きのえうま》	32 乙未《きのとひつじ》	33 丙申《ひのえさる》	34 丁酉《ひのととり》	35 戊戌《つちのえいぬ》
36 己亥《つちのとい》	37 庚子《かのえね》	38 辛丑《かのとうし》	39 壬寅《みずのえとら》	40 癸卯《みずのとう》
41 甲辰《きのえたつ》	42 乙巳《きのとみ》	43 丙午《ひのえうま》	44 丁未《ひのとひつじ》	45 戊申《つちのえさる》
46 己酉《つちのととり》	47 庚戌《かのえいぬ》	48 辛亥《かのとい》	49 壬子《みずのえね》	50 癸丑《みずのとうし》
51 甲寅《きのえとら》	52 乙卯《きのとう》	53 丙辰《ひのえたつ》	54 丁巳《ひのとみ》	55 戊午《つちのえうま》
56 己未《つちのとひつじ》	57 庚申《かのえさる》	58 辛酉《かのととり》	59 壬戌《みずのえいぬ》	60 癸亥《みずのとい》

六十干支

をもっていたが、室町時代に七福神として信仰されるようになり、福を授け、財を豊かにする施福神として、福徳円満な姿になっている。

　これも余談になるが、高校野球で知られる甲子園球場は、一九二四年（大正十三）甲子の年に完成したため、その年にちなんで命名された。

　六十干支はこのほか壬申の乱（六七二年）、戊辰戦争（一八六八年）、戊申詔書（一九〇八年）というように、歴史的な事件、事項の名前としても残っているから、興味のある方はお調べいただきたい。

　最後に、「還暦」について説明しておこう。

　還暦というのは、生まれ年の干支を本卦《ほんけ》というが、この本卦に還る、つまり生まれ年の干支に還るという意味である。そのため、六十年たってふたたびもとの干支に戻る六十歳を還暦といって、その誕生日にお祝いをする慣わしが残っている。

生まれた年に還るのを赤ん坊がえりに見たてて、赤いチャンチャンコや頭巾をプレゼントするのは、ちょっとしたユーモア精神があって大いに結構である。しかし、かつての長寿の祝いも、現在の平均寿命がのびた時代には、感覚的にもずれているような気がしないでもない。

なお、赤いチャンチャンコというのは、かつての中国人の服装から来ており、赤は赤児を意味するから、中国の子供の装いに似た袖なしの羽織をチャンチャンコと呼ぶようになったといわれている。

還暦を「華甲」というのは、華という文字が十を六つ書くところから六十をあらわし、甲は十干の最初で一をあらわすので、現在でも六十一歳の意味によく使われている。

「六十干支」の計算法

ここで年の六十干支を求める計算法を説明しておこう。ここでも合同式を用いることになるが、もうすでにおなじみであると思われるので、説明は省略する。

西暦y年の六十干支をrとすると、

$$r \equiv y-3 \pmod{60},\ 1 \leqq r \leqq 60$$

が成り立つから、rを計算して、六十干支表の番号に対応する干支が求められる。

亥	戌	癸酉	壬申	辛未	庚午	己巳	戊辰	丁卯	丙寅	乙丑	甲子	(イ表)
酉	申	癸未	壬午	辛巳	庚辰	己卯	戊寅	丁丑	丙子	乙亥	甲戌	(ロ表)
未	午	癸巳	壬辰	辛卯	庚寅	己丑	戊子	丁亥	丙戌	乙酉	甲申	(ハ表)
巳	辰	癸卯	壬寅	辛丑	庚子	己亥	戊戌	丁酉	丙申	乙未	甲午	(ニ表)
卯	寅	癸丑	壬子	辛亥	庚戌	己酉	戊申	丁未	丙午	乙巳	甲辰	(ホ表)
丑	子	癸亥	壬戌	辛酉	庚申	己未	戊午	丁巳	丙辰	乙卯	甲寅	(ヘ表)

例えば、一九八二年の干支は、

$r \equiv 1982-3 \ (mod\ 60)$ あるいは、

$1982-3=60t+59 \ (t=32)$

すなわち1982から3を引いた1979を60で割ると余りが59となるから、二三四ページ・リストの59番目「壬戌《みずのえいぬ》」が求める答えである。

ノストラダムスが没したのは一五六六年だが、干支年は諸賢に計算していただくことにして、フランス革命で一七九三年、断頭台に消えた女王マリー・アントワネットの干支年を計算してみよう。

さきほどと同様に、

$r \equiv 1793-3 \ (mod\ 60)$ あるいは、

$1790=60t+50 \ (t=29)$

となる。1793から3を引いた1790を60で割った余りは50であるから、リストの50番目を見て、「癸丑《みずのとうし》」というのが求める答えとなる。

「天中殺」や「四柱推命」の理論構造

干支のついでに、例の「天中殺」の数理も説明しておこう。

六十干支は、十干と十二支の組み合わせでつくられたわけであるが、ここでもう一度、十干と十二支をそれぞれ一行に書いてぴったり合わせると、当然ながら十二支が二つ余ってしまう（イ表）。一口でいうと、この余った部分を「天中殺」といっているのである。

つぎに、その余った十二支のところも埋めながら、また十干を書き、十二支もまた繰り返しつづけて書いて合わせると、また十二支が二つ余ってしまう（ロ表）。こうしてつづけていくと、（イ）表から（ヘ）表までの干支の対応表ができるが、この各表のそれぞれで余っている十二支の部分がすべて「天中殺」になるというわけである。それゆえ、（イ）表では「戌」と「亥」が甲子、乙丑から癸酉までの日の天中殺とされ、以下同じように、例えば丙午や戊申の日の天中殺は「寅」と「卯」であり、また辛酉や丁巳の日の天中殺は「子」と「丑」と考えるわけである。

T	2	4	6	8	10	12
天中殺	申酉	午未	辰巳	寅卯	子丑	戌亥

天中殺はそこにいろいろな解釈を入れて、一時はたいへんなブームになったようである。また、「四柱推命」では、その部分を空亡といっているが、いずれも同工異曲といってよい。天中殺理論では、「その期間中に新しく事を起こしてはならない」といい、空亡理論では「その方向や年月日は目的を達せず徒労が多い」と主張されているようである。

ついでに、天中殺を計算で求めてみよう。

天中殺は、その人の生まれた日の干支をもとにして判断するようなので、

まず生まれた日の干をp、支をqとして、天中殺をTとすると、

$T \equiv p-q \ (mod\ 12),\ 1 \leqq T \leqq 12$

という数式であらわすことができる。その数Tに対応する二つの十二支が求める答えとなる。

例えば、一九八二年七月七日生まれの人は、二二五ページで計算したように、生日の干支は「辛卯」であった。したがって、十干と十二支の数値表でpとqの値を見ると、8と4であることがわかるから、求める天中殺は、

$8-4 \equiv 4 \ (mod\ 12)$

となり、天中殺図表より「午」「未」がその人の天中殺だということになる。

六十進法の世界

六十干支は、十干と十二支を組み合わせてつくった一つの周期《サイクル》で、六十進法の世界である。さきに述べたように（四一ページ）、アッカド人がシュメール人と出会ったさいに、単位の問題から六十進法を生みだしているのである。

西洋の占星術でもまた、六〇という周期を使って世界情勢の波の動きを説明しているようである。その根拠として、木星と土星の公転周期をとらえている。地球上の人類にとって、最も影響を受けている天体はもちろん太陽であるが、つぎには木星であり、さらには土星であるという。木星は、幸運をもたらす星といわれ、土星は、はじめは不幸を呼ぶ星として凶

星といわれたが、現在では努力によって好転する星とされている。

木星の公転周期十二年と土星の三十年を組み合わせると、その最小公倍数六十年ごとに二つの星は同じ位置関係にあるため、その影響でこの世の現象もそれにつれて変わるという「六十年周期説」が生まれたのである。

第十一章　八卦の論理

「八卦」の基本的なしくみ

まず左の図をご覧いただきたい。これは、プラス＋とマイナス－による分類図であるが、優性遺伝子の遺伝パターンと考えても、あるいは＋－をイエス・ノーと読んでなにかのアンケート図と考えていただいてもよい。いずれにしても、一つのものを二つのパターンに分け、それをまた二つに分けていくと、この図のパターン数は、n回目には第一章で触れた2^{n-1}という数にふえるが、nを４でとめると八つのパターンができあがる。かんたんにいってしまえば、これが「八卦《はっけ》」の基本的なしくみなのである。

前にも述べたように八卦は古代中国の王、伏義によってつくられたものである。

伏義が即位したとき、黄河の水面に一匹の神馬が姿を現したというが、その神馬の背に旋毛があるのを見つけ、それを図にしたものを「河図《かと》」といい、その河図にのっとって伏義が原理をきわめてつくったのが八卦だといわれている。八卦は「はっか」と読むのが正しいが、「消耗《しょうこう》」や「洗滌《せんでき》」がそれぞれ「しょうもう」「せんじょう」と読みならわされているのと同じことだから、一般の慣用にしたがって「八卦《はっけ》」と読むことにする。

さて、この八卦とは、いわば万物の現象を八つの象《かたち》にあらわしたもので、中国では、万物が「太極」という、その先は何もない根源から生まれてくると考えられていた。

太極は太一ともいい、原初、宇宙最初のカオス（混沌）とも考えられ、さらに宇宙の支配者として神格化した「天」であるとか、抽象的に「一」とか「絶対」をあらわすなどというように、さまざまに考えられてきた。

この太極が「両儀」すなわち陽と陰を生むと考え、「陽」は⚊、「陰」は⚋であらわされた。両儀はさらに「四象」に分かれ、四象はさらに「八卦」に分かれて、天地と一致し、天地万物のすべてを包むというのが基本的な考えかたである。したがって、宇宙の混沌から陰と陽が生まれ、それがさまざまに発展して、万事万物が盛衰するかたちを八卦があらわしていると考えてもよい。

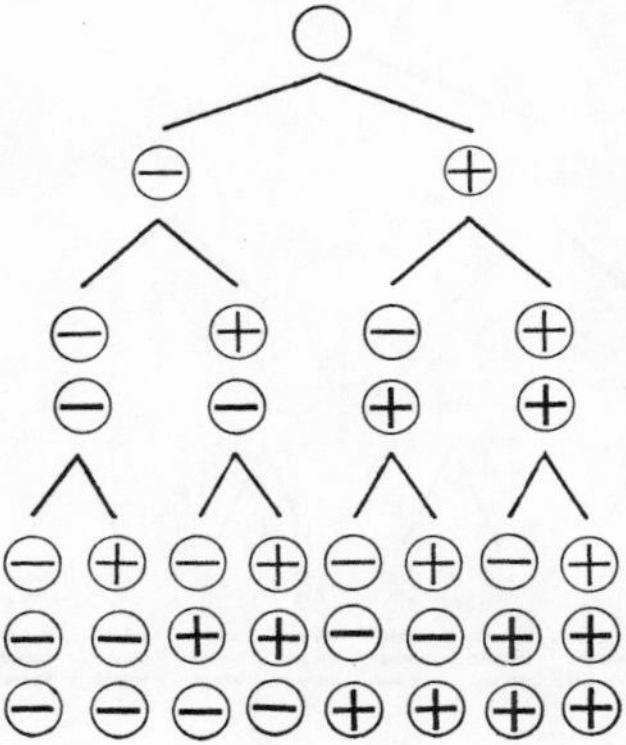

この八つのパターンとは「乾《けん》」「兌《だ》」「離」「震」「巽《そん》」「坎《かん》」「艮《ごん》」「坤《こん》」といわれている。その意味を調べてみると、つぎのようになる。

〔乾《けん》〕天を意味し、乾く、干す、水気のないさまや、太陽の光り輝く状態を示す。

〔兌《だ》〕悦《よろこ》び解きほぐすという意で、沢が伸びて通る状態である。

〔離〕朝鮮うぐいすをかたどった字で、常識的

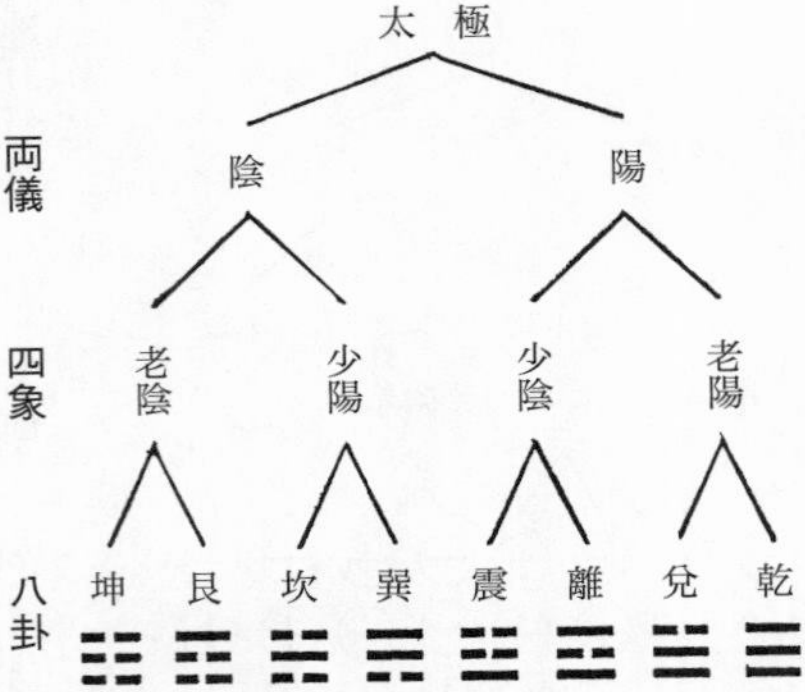

八卦の図

な語感とは逆に、付着するという意味がある。ものに着いて明らかになる火の状態をあらわす。

〔震〕ふるえる、動かすという意味から、雷が雨をともなって、あたりを震わすさまを示している。

〔巽《そん》〕譲り従う意味で、風に吹かれてそよぐさま。

〔坎《かん》〕穴に陥ることで、水が穴に流れ落ちるさま。

〔艮《ごん》〕止まる、留《とど》まるという意で、山のどっしりと動かない状態を示す。

〔坤《こん》〕土、大地をあらわす。

このように、八卦は根本原理として天地自然の現象を内容として取りこんでいるが、ご覧のように、八卦のなかには「海」という発想がない。いかにも中国の地理的条件を示しているわけで、かりに日本が八卦の発祥地であったとすると、当然、海が入っていたにちがいない。

このように、根本においては自然現象を原義として帯びている八卦であるが、これに木火土金水の五行が配当され、さらに象意として「易」が導入されて、八卦はかなり複雑な内容をもつようになった。

易という言葉は、もともと蜥蜴《とかげ》の形と、日光の形とをつなげた会意文字であるが、また、とかげの身体と肢という説もある。とかげというのは、平らに伸びたスタイルをしており、また一日に十二回も体色を変えることから、易は「変化する」「かわる」「ずっと伸びていく」「連続的にかわる」といった意味として使われている。

すなわち易には、改易とか貿易というように「かわる」「とりかえる」という意味がある一方、平易とか安易のように「平べったくやさしい」「かんたんでやさしい」という意味があり、結局、「変化する」と「伸びて引きつづく」という二つの意味に使われている。

ある時のある場所での卦が、つぎの時、別の場所では、まったくちがってくる。そういう状態がひきつづいて起こるのが易のすがたと考えられたのである。

「卜占」と筮竹

さて、古く中国で行われていた、神の意志を問

†「はっけよい、のこった」とは？

相撲の行司が「はっけよい、のこった、のこった」と力士に掛け声をかける「はっけ」とは〝八卦〟のことである。「よい八卦になったぞ」「よい八卦がでたぞ」という意味である。「のこった」はもちろん、「土俵にまだ余地が残っている」という意味で、時は十分で、戦うに十分、まだ土俵に余地があるから、しっかり取り組むよう、行司がうながす掛け声であるという。

う二つの方法をご紹介しよう。
一つは殷の時代にはじまった狩猟民族的なパターン、「卜占《ぼくせん》」で、もう一つは、周の時代にはじめられた農耕民族的パターンの「筮竹《ぜいちく》占」である。

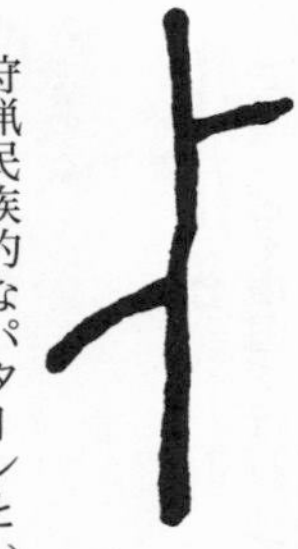
卜辞

狩猟民族的なパターンというのは、亀の甲に占い字（卜辞《ぼくじ》）を刻んで、それを裏から火であぶるか、焼け火箸をあてるかすると、甲羅にひび割れができるが、これを「兆」といい、その兆のかたちを見て神意を判断し、吉凶をきめるのである。

「卜《ぼく》」という字は、亀の甲に刻んだ文字（卜辞）の亀裂を文字にしたもので、「ぼく」という音は、火にあぶられた亀甲がひび割れるときの音をそのままあらわしているといわれる。

一方、「兆」という字も亀甲にできたひび割れをかたどった象形文字で、「兆候《きざし》」「前兆《しるし》」「兆占《うらない》」ということができよう。

水蜜桃とか桃の花というとなんとなく艶めかしいイメージがあるが、この桃は兆《きざ》しをもつ木とされ、兆しをもつ木は未来を予知し、魔を除くと考えられたから、桃の木は昔から魔除けとしてたいせつにされた。そのため、日本でも三月三日の桃の節句にも飾られるようになり、桃太郎として鬼退治物語の主人公の名前にもなっている。なお、桃太郎が二つに割った桃のなかから生まれてくるというのも、「兆」が裂け目を意味することに由来するという。

結局、「占い」というのは文字からもわかるように、卜《ぼく》を口でいう、つまり亀甲に生じたひび割れを読んで、それを言葉にいいあらわすことだったといってよい。

	自然	五行	人間	方位	性質	身体	月	陰陽
乾《けん》	天	金	父	西北	剛	首	九・十	陽
兌《だ》	沢	金	少女	西	悦	口	八	陰
離《り》	火	火	中女	南	着	目	五	陰
震《しん》	雷	木	長男	東	動	足	二	陽
巽《そん》	風	木	長女	東南	入	股	三・四	陰
坎《かん》	水	水	中男	北	陥	耳	十一	陽
艮《ごん》	山	土	少年	東北	止	手	十二・一	陽
坤《こん》	地	土	母	西南	柔	腹	六・七	陰

八卦の象意（月は旧暦を示す）

しかもこの神秘的な亀甲による卜占は、当然、亀の多い地方で行われたにちがいなく、中国で亀が多かったのは内陸部の河のほとりであったから、森羅万象をあらわす八卦の原義に海のない理由は、ここでも明らかである。

神意を問うもう一つの農耕民族的な方法、筮竹占いというのは、もともとは「蓍《し》」という草の茎で計算具をつくり、数理によって吉凶を判断するものであった。

蓍は、百年たつと一つの根から百本の茎を生じるというめどぎまたはめどはぎと呼ばれる多年生の長寿草として珍重され、神霊が宿るとも考えられている。のちにこの植物が少なくなったため、中国ではそのかわりに竹を用いるようになり、それが筮竹として現在でも易占には欠かせない道具になっている。

筮竹の「筮」というのは、神意を問う巫《みこ》の姿と竹をかたどった象形文字で、「めどぎ」ともいうが、易占具の意味である。

要するに、中国に生まれたこの「易」というのは、亀の甲と筮竹を用いて神意をきくための原始的な呪術であり、その神意が森羅万象の消長としてあらわされたものが八卦なのである。

この八卦にも当然ながら「陰陽」と「五行」が配当されている。前ページの「象意図」をご覧になれば、説明するまでもないので、つぎに、易のアウトラインをご紹介しよう。

易による占いとそのロジック

易には筮竹と算木が使われるのはお話しするまでもないが、筮竹は丸く天をあらわし、算木は四角で地をあらわしている。

古代中国では、易占いについてつぎのような厳守すべきルールをもうけた。

（一）まず、どうにも自分で決めかねるような事項がないのに占ってはいけない。どうすべきかを決断するためにのみ占うというのである（「卜は以て疑を決す、疑わずんば何ぞ卜せん」）。

（二）つぎに、占いは一回だけ行うということで、最初の占いが思った通りにならないからといって二度、三度と占うことは許されない。その時間、その場所が重要だという発想である（「初筮は次ぐ、再三すれば瀆《けが》る、瀆るれば告げず」）。

八卦の五行配当図

（三）最後に、危険なことや邪《よこしま》なこと、災いを及ぼすようなことを占ってはならないといわれている（「易は以て険を占うべからず」）。

それでは、ここで実際の占筮、筮竹による占いのやり方を覗いてみよう。

占いに用いられる筮竹は五十本である。

これは、河図によって不動の中央の五を除くと、まわりが五十あるところから、宇宙全体を意味する

十二支、八卦の配当図
（艮を「うしとら」と読む理由がよくわかる）

と説かれている。

まず、この五十本から一本抜いて、これを「太極」として、別にしておく。太極というのは、絶対的な根源で変わることがなく、時間、空間、万物の変化に無関係ということで取り除かれるのである。

さて、左手に四十九本の筮竹をもった占者は、心に念じながら、右手で四十九本のうちの何本かを分けて取り、左手に残った分を「天策」、右へ取った分を「地策」とする。右手の地策の分を脇へ置き、地策から一本抜きとって、左手の薬指と小指のあいだにはさみ、それを「人策」とする。左手の天策を右手で八本ずつ数えて取り除き、余った策に先ほどの人策一本を加え、その合計を計算して、つぎのように定める。

合計	八卦
1	乾
2	兌
3	離
4	震
5	巽
6	坎
7	艮
8	坤

これを数式で書けば、つぎのようになる。

xを右手の地策の数、zを余り（8を法とする剰余類）、yを対応する八卦の数とすると、

$$(50-1)-x \equiv z \pmod{8}$$

$$z+1=y$$

筮竹を8本ずつ分けていって、最後の余りの数で占うというのは、森羅万象がさまざまに変化し、循環して、最後にとどまったところが現在の卦であるという原理をあらわしている。

しかし数式にすれば、右のようなかんたんな合同式になってしまう。

いま、かりに右手の地策が26本あったとすると、

$$(50-1)-26 \equiv 7 \pmod{8},\ 7+1=y$$

となり、8に対応する卦が「坤」とわかる。この坤の象意（二四五ページ）と、算木を並べた結果から判断するのが「易占」なのである。

この判断は、いわゆる五段階評価のようである。

〔吉〕　幸いがある。

八卦	坎	艮	震	巽	離	坤	兌	乾	(坎)
方位	北	東北	東	東南	南	西南	西	西北	(北)
五行	水	土	木	木	火	土	金	金	(水)
		相剋	相剋	(比和)	相生	相生	相生	(比和)	相生

八卦の五行配当表

〔凶〕 禍いがある。
〔悔《かい》〕 (半吉) 後悔するような結果になる。
〔吝《りん》〕 (半凶) 調和がくずれて行きづまる。
〔咎《とが》なし〕 さしさわりがない。

これが日本に伝わって、「吉」「凶」の二つになり、さらに細かく分けられて、「大吉」「中吉」「小吉」「小凶」「大凶」となったのである。現在、寺院や神社などの占いに用いられているのは、だいたいこのパターンである。

吉凶という対立的な陰陽の二元から三分法を用いて、「吉」を大・中・小に分け、「凶」を二分しているのは、なんとも微笑ましい。

　結局のところ、筮竹による易占とは、宇宙全体の森羅万象を「天・地・人」で包みこんで、その数を五十とし、八本ずつ分けていくことによって八卦の循環や変化をあらわしながら、最終的に残った本数の卦の象意を汲んで判断する数理だといえよう。

　一口でいうと、8の剰余類として求められる数に八卦を対応させる一つの数理だといってよい。そしてその上に立って、さまざまに解釈しながら、実践的に具体的なかたちで示すのが易占である。そこに深い人間追求の真理があるかどうかは、占う人の人格、教養、体験に裏づけられたその姿勢にあるといえる。

八卦による相生と相剋

八卦の「相生」と「相剋」も、陰陽五行説からかんたんに説明することができる。前にも述べたように、五行には、相生と相剋があった。

　木火土金水という五行がこの順に並んでいる関係、つまり「木火」「火土」「土金」「金水」「水木」などの関係はそれぞれ相生といい、また、木火土金水が一つ置きに（木土水火金の順に）並んでいる関係、「木土」「土水」「水火」「火金」「金木」の関係は相剋といって悪いとされたわけである。

　この五行の相生、相剋を八卦にあてはめてみると、二五〇ページの五行配当表のようになる。

水土、土木　↓　相剋
木木、金金　↓　比和
木火、火土、土金、金水　↓　相生

お気づきのように、この「艮」のところだけが両隣りの「坎」「震」にたいして相剋になっている。

そのため八卦の「艮」は五行説によって相剋のきわみとして、その方角まで忌み嫌われるようになったのである。

こうして「艮」の方角は、人が嫌う鬼の来るところ、「鬼門」といわれるようになった。

最近は、団地住まいやマンション住まいが一般的になりつつあるので、あまり方角だの家相だのといわなくなったが、かつて「鬼門」にあたる東北の方角は、なにかにつけて嫌われる方角であった。

家相からいっても、鬼門の方角にでっぱると病人が絶えないとか、東北に台所やトイレがあると

†『山海経』の鬼の説話

『山海経《せんがいきょう》』によると、東海の度朔山《どさくさん》という山の東北側には無数の鬼が住んでいるといわれ、そこには、三千里にもわたって枝を四方に広げた桃の大樹があって、東北方にのびた枝のところに門があったという。

夜になると、その門から鬼どもが出入りして悪行を重ねたため、天帝は神荼《しんと》、鬱塁《うつるい》という二神をつかわしてその門を守らせ、門を出入りする鬼どもを監視させたといわれる。

天帝の命を受けた二神は悪行を重ねる鬼を捕らえて、葦の縄でしばり、桃の木でつくった弓で殺し、虎にあたえて餌にしたという。

こういうわけで、東北の方向は鬼の出入りする門「鬼門」といわれるが、こうした説話を生みだし、一つの方向を鬼門として忌み嫌った理由の根底には、すでに述べた五行説の相剋の発想があったのである。

家庭内に紛争が多くなるとか、家督相続に支障をきたすなどと俗にいわれてきた。要するに、この方角は鬼の出入りする方角とされたのである。

こうした発想も、じつは『山海経』という書物に、鬼が東北の方角にいるという話があったことに由来するようだが、このような説話を生んだ背景にあるのも、この五行相剋の発想なのである。

「図」と鬼のオリジナル

さて、かんたんにいえば、この五行相剋を一身に背負いこまされて、想像の世界で生みだされたのが「鬼」である。

東北の方角は丑寅《うしとら》の方角であるから、鬼にはまず牛と虎の特徴が背負わされた。すなわち、牛のような角であり、大きな虎の牙であり、虎の皮のふんどしであり、肉食獣の性向であるというわけで、鬼の姿は五行説によって生まれたといってよいが、このイメージを最初に絵に描いたのは、唐時代の画家呉道子で、以来、あの特徴ある鬼のスタイルが定着したといわれている。

また、わが国では鬼は佐渡の金北山《きんぽく》にいると考えられたこともあるらしい。そのせいか「どさくさ」という言葉は、佐渡の逆さ言葉「どさ」、罪人が佐渡送りを恐れたことや、鬼がすむという度《ど》朔山《さくさん》が佐渡にある、などの語呂合わせなどに関連があるという説もある。

鬼というのは、もともと「隠《おに》（於爾）」であり、姿は隠れて見えないながら、そこにいるという「陰」のシンボルであった。

中国ではははじめ、死んだ祖先の霊魂という言葉だったのが、のちに超人間的な精霊という意味にかわったのである。

日本では、古くから死者を「けがれ」と「恐れ」の両面から見る発想があり、それがいつのまにか恐れが優先して、さらに目に見える巨大な怪物になったが、「陰」とは寒さであり、病気であり、貧困であり、平和を乱すいっさいのものであって、そのシンボルが鬼だということができよう。

もちろん鬼門が東北の方向であることについては、黄河流域の漢民族にとって東北方角からの異民族の侵入が国家の安泰を妨げていた事実によっても明らかである。農耕が中心の漢民族にとって、西は山脈と砂漠、北は自然の防壁ともいえる寒いツンドラ、南は農耕の異民族の土地である。東北の強力な騎馬狩猟民族が魔であり、鬼であり、したがってその方向が鬼門であった地理的な背景が、もともとあったわけである。秦の始皇帝の万里の長城もいわば鬼門固めであったといえる。

日本でも東北の方角は、冬、寒風の吹きすさぶ方角である。古くはお手洗も厠《かわや》といって、多くは川の流れの上に造作したから、寒くて震えあがったにちがいない。台所にしても東北方向からの寒風は煮炊きする者たちの身にしみる。東北の方向を、寒い方向、陰の方向、鬼門として避けるのは生活の知恵であったともいえよう。

ともあれ、五行説によって理論的（？）に裏づけられた信仰は、確固たるものとなって、平安時代から現代まで引き継がれてきたのである。

第十二章　九星術のロジック

〝よい星のもとに生まれる〟とは

星といえば、まず頭に浮かぶのは夜空に輝く星だが、ちょっとつむじまがりの方なら、査察《センサー》衛星を思い浮かべられるかもしれない。バビロニア人たちが考えた太陽、月、五つの惑星には神が住んでいて、一日ずつこの宇宙を支配すると信じられたが、現代のセンサー衛星は地上にある二五センチ四方の物体の動きを識別できるという。しかも現在、数千個の人工衛星が地球の周りを飛んでいるというのだから、古代の神々が見たら目を回したにちがいない。

しかし古代世界にあっては、バビロニアだけでなく、中国でも五惑星の位置や運行によって、すべての現象がきめられると考えられていたのである。

さて前の陰陽五行説（第八章）のところで、夏の国王禹が亀の甲に書かれた文様「洛書」にヒントを得て五行説をとなえたと述べたが、この洛書がもう一つ別の理論を生みだした。

それは洛書の文様の数を正方形に並べてみると、次ページの図のようにタテ、ヨコ、ナナメの和が十五になっていたからである。現代人の目から見れば、すでに数学で解き明かされている「魔方陣」だが、古代の人々の目に、まさしくたいへんな神秘と映ったのは当然だろう。

古代の中国では、洛書の数が天命を語っている、神の意志が洛書のなかにはあると考え、この九つの配置を「九星」と名づけて、九星が神意を語るとしたのである。洋の東西を問わず、古代人にとって、星はつねに天の意志であり、万物の運命をあらわすと信じられたところに星をめぐるロマンがあるといえよう。

数字パズルにアタック

ここで、気分をかえてパズルに挑戦《アタック》してみよう。タテ、ヨコ、ナナメの数の和が一定になる正方形の数の配置を魔方陣というのは、それぞれの和が一定なのが神秘的だったからであろう。

ところで、1から9までの数字を入れて和が15の別な魔方陣ができるのだろうか。また、洛書の魔方陣とは異なる、中央を5としない魔方陣はできるだろうか。

まず和が15になる別な魔方陣ができるかどうかを調べてみよう。

二五七、二五九ページの図の

4	9	2
3	5	7
8	1	6

「魔方陣」

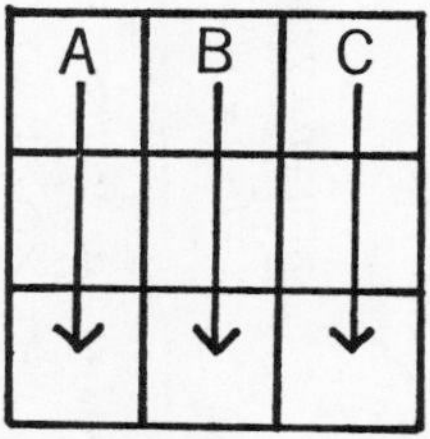

マス目のタテ列をA, B, Cとする

ように、タテ列をA、B、C、ヨコ列をX、Y、Z、ナナメ列をK、Lと置く。このマス目に入る数字をa、b、c、d、e、f、g、h、iとすると、つぎの式が成り立つ。

$A=a+d+g$, $B=b+e+h$, $C=c+f+i$

$X=a+b+c$, $Y=d+e+f$, $Z=g+h+i$

$K=a+e+i$, $L=c+e+g$

いま、B列、Y列、K列、L列を加えると、

$$B+Y+K+L=(b+e+h)+(d+e+f)+(a+e+i)+(c+e+g)$$
$$=(a+b+c+d+e+f+g+h+i)+3e=45+3e$$

なぜなら、aからiまでの合計は1から9までの合計45だからである。

魔方陣の性質から、タテ、ヨコ、ナナメの各列の和はすべてひとしいので、一列の値をαとおけば、

$$4\alpha=45+3e=3(15+e)$$

ここで仮定からα=15だから、e=5となって、魔方陣の中央はつねに5でなければならないことがわかる。

ここでaを1とすると、iは9になり、cを2から8までのどんな数としても、C列は15にならない。したがってaが1であることはなく、同様に、c、g、iも1にはならない。

つぎにbを1とすると、hは9となり、aは6、7、8のいずれかになる。

（イ）aが6の場合は、順に$c=8$、$g=2$、$d=7$、$f=3$、$i=4$となって、魔方陣になる。

（ロ）aが7だと、$c=7$となり、7が二度使われて矛盾する。

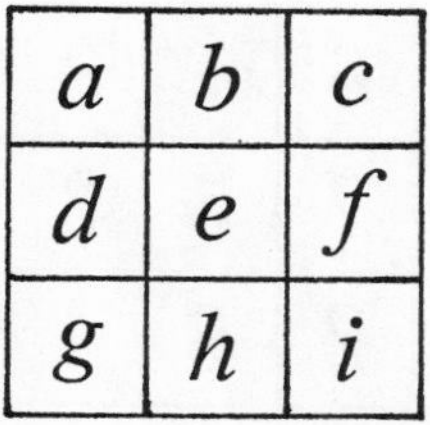

マスにa～iを入れる

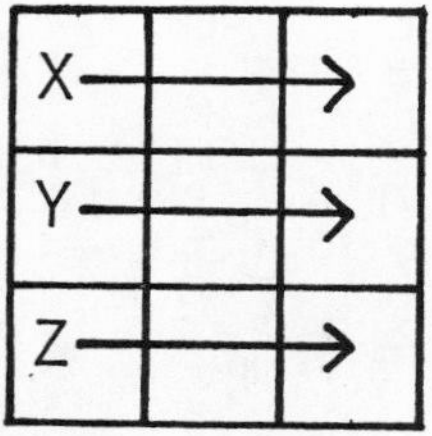

ヨコ列をX，Y，Zとする

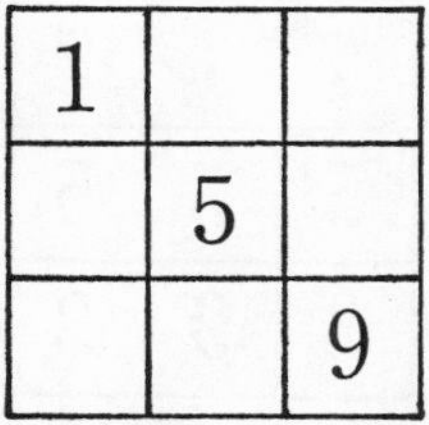

aを1とするとiは9となり、cに2から8までのどんな数字を入れても、X列とC列は15にならない

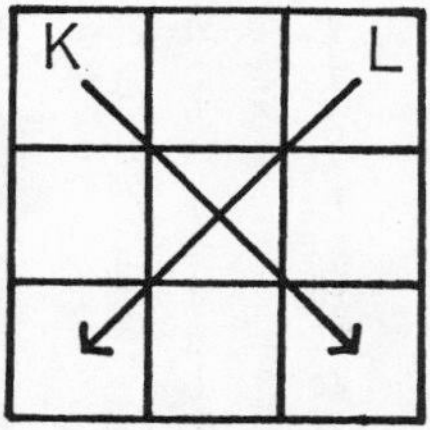

ナナメ列をK，Lとする

6	1	8
7	5	3
2	9	4

（イ）

7	1	7
5	5	5
3	9	3

（ロ）

8	1	6
3	5	7
4	9	2

（ハ）

（ハ）aが8なら、順にc＝6、g＝4、d＝3、f＝7、i＝2となって、魔方陣が完成する。

この二つの魔方陣（イ）（ハ）はB列を軸としてA列とC列を入れ換えたものだから本質的には同じものであり、またd、h、fを1とした場合にも、b＝1の場合と同じ論法で本質的には（イ）と同じものができる。

したがって、タテ、ヨコ、ナナメの和が15になる魔方陣は、本質的には「1通り」であることが証明される。

それでは、和が15でないような魔方陣はできるだろうか。

結論からいうと、1から9までを使ったマス目九つの魔方陣は、和が15の場合しか成り立たない。その証明は左ページ下に掲げたので興味のある方は考えてみていただきたい。

「九星」の理論

さて「九星」は、洛書からヒントを得たように九つの数からできており、これも当然ながら五行が配当され、さらに七つの色が加えられて、つぎのように名づけられている。

一白水星　二黒土星　三碧木星　四緑木星　五黄土星　六白金星　七赤金星　八白土星　九紫火星

こうして、九星にも五行の象意がこめられ、さらに「十干」「十二支」「八卦」と組み合わされたため、ちょっと複雑で、神秘的な姿をとるようになった。これが中国の占星術のもとになる。

複雑になったのは、例えば九星の「陰陽」を考えてみると、すぐわかる。中国では、奇数は陽、偶数を陰と考えて、一白、三碧、五黄、七赤、九紫を陽とし、二黒、四緑、六白、八白を陰としているが、色については、白と紫を陽、赤、黒、碧、緑、黄を陰としている。すると一白水星は、

†和が15でない魔方陣はできるか？

本文二五八ページにあげた式、

$$4\alpha=45+3e$$

を見ると、αは任意の列における数の和だから、

$$(1+2+3)\leqq\alpha\leqq(7+8+9)$$

つまり$6\leqq\alpha\leqq24$となる。さらにαは3の倍数ゆえ、αは6、9、12、15、18、21、24のいずれかになるが、6、9、21、24は明らかに矛盾することがわかる。

〔$\alpha=12$の場合〕　$4\alpha=45+3e$から、$e=1$となる。αを9とすると、$i=2$で、8がhかfのいずれかに入るが、そのいずれの場合も矛盾が起こる。bを9とすると、hが2となり、αにどんな数も入らなくなり、これも矛盾が生じる。

〔$\alpha=18$の場合〕　$4\alpha=45+3e$から、$e=9$となる。今度はどこへ8を入れてもつぎがつづかなくなる。

以上の結果から、αは15でなければならないことがわかる。

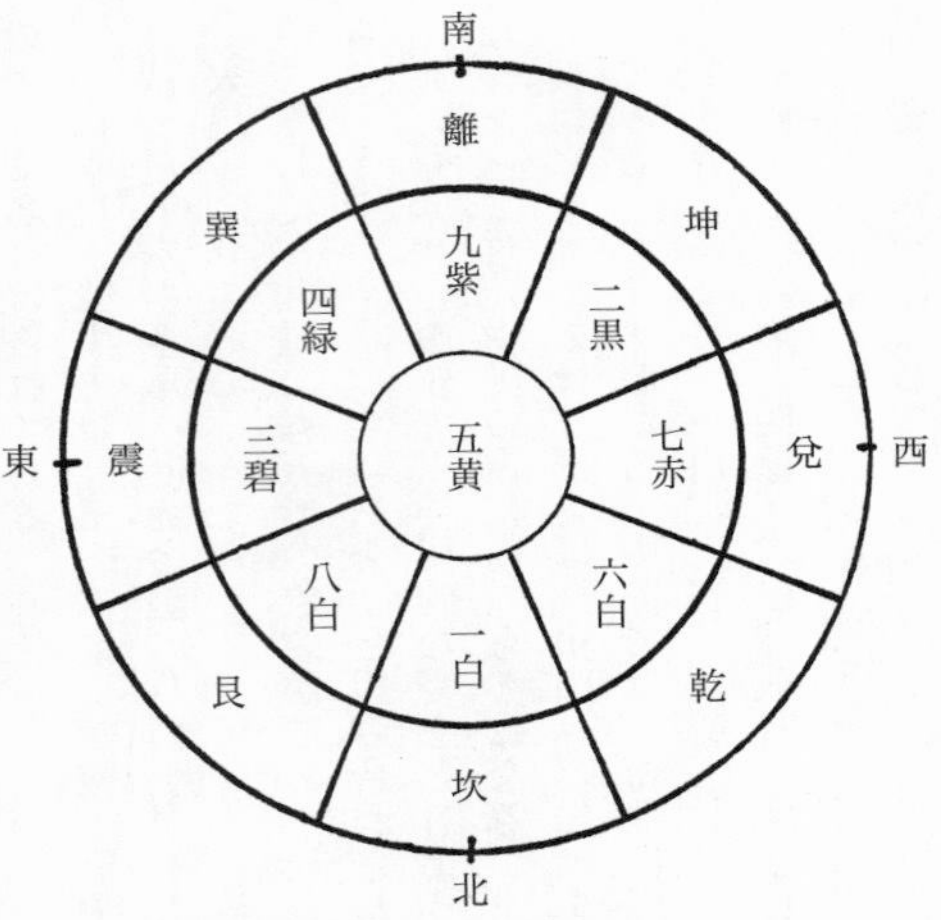

九星と八卦の方位配当（北が下にあることにご注意）

一が奇数で陽、白も陽だからよいが、三碧木星になると、三が奇数で陽、碧は陰となって、まったく陰陽がわからなくなってしまう。つまり九星の陰陽は決められないというわけである。

　九星の方位配当は上の図の通りだが、洛書の数を基本としたために、九星の方位は「戴九履一」（九が上、一が下）といって南が上、北が下になっている。ふつうの方位と逆になっているのでご注意いただきたい。

　また八卦をつくった伏羲は数について、つぎのように定めた。「天一は水を生じ、地六は水を成す。地二は火を生じ、天七は火を成す。天三は木を生じ、地八は木を成す。地四は金を生じ、天九は金を成す。天五は土を生じ、地十は土を成す」

　しかし、これも五行説と噛み合わないところが出てくる。

　さらに、八卦のところでは読者を混乱させるので触れなかったが、伏羲が八卦に配当した

九星	五行	方位	人間	季節	十二支	十干	八卦	色
一白	水	北	中男	冬	子	壬、癸	坎	白
二黒	土	西南	母	晩夏から初秋	未、申		坤	黒
三碧	木	東	長男	春	卯	甲、乙	震	碧
四緑	木	東南	長女	晩春から初夏	辰、巳		巽	緑
五黄	土	中央		四季の土用		戊、己		黄
六白	金	西北	父	晩秋から初冬	戌、亥		乾	白
七赤	金	西	少女	秋	酉	庚、辛	兌	赤
八白	土	東北	少年	晩冬から初春	丑、寅		艮	白
九紫	火	南	中女	夏	午	丙、丁	離	紫

中国占星術の要素

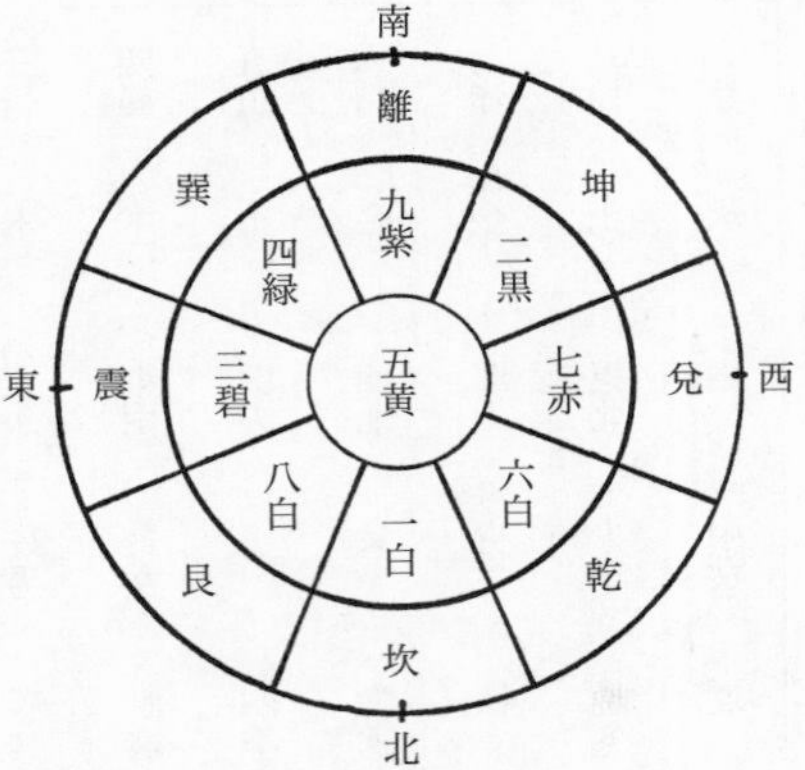

〔イ図〕現在の八卦の方位配当図

八卦	乾	兌	離	震	巽	坎	艮	坤
色	白	白	赤	青	青	黒	黄	黄

〔ロ表〕

方位では、例えば「艮《うしとら》（東北）」が西北になっていたのである。これは「先天易」といわれ、のちに周の文王によって現在のように改められたらしいが、これがじつは九星の色の配当を考えるには必要なのである。

　というわけで、複雑になるにつれて、つじつま合わせもたいへんになってくるが、色の配当は結局、つぎのように定められた。

（一白水星）一白は図（イ）で見ると「坎」に位し、表（ロ）から黒になるが、「坎」は図（ハ）では西の方位であり、西は表（ニ）から白となるので、「白」とする。

（二黒土星）二黒は図（イ）で「坤」に位し、表（ロ）から黄になるが、「坤」は図（ハ）で北の方位にあり、北は表（ニ）から黒となるので、「黒」とする。

〔三碧木星〕　三碧は図（イ）で「震」に位し、震は表（ロ）から青になるが、「震」は図（ハ）では方位が北東になるから、表（ニ）から黄となる。したがって、青と黄の中間にあたる「碧」とする。

〔四緑木星〕　四緑は図（イ）で「巽」に位し、巽は表（ロ）から青であるが、「巽」は図（ハ）で南西の方位となるため、表（ニ）から黄となる。そこで、これも青と黄の混合した「緑」とする。

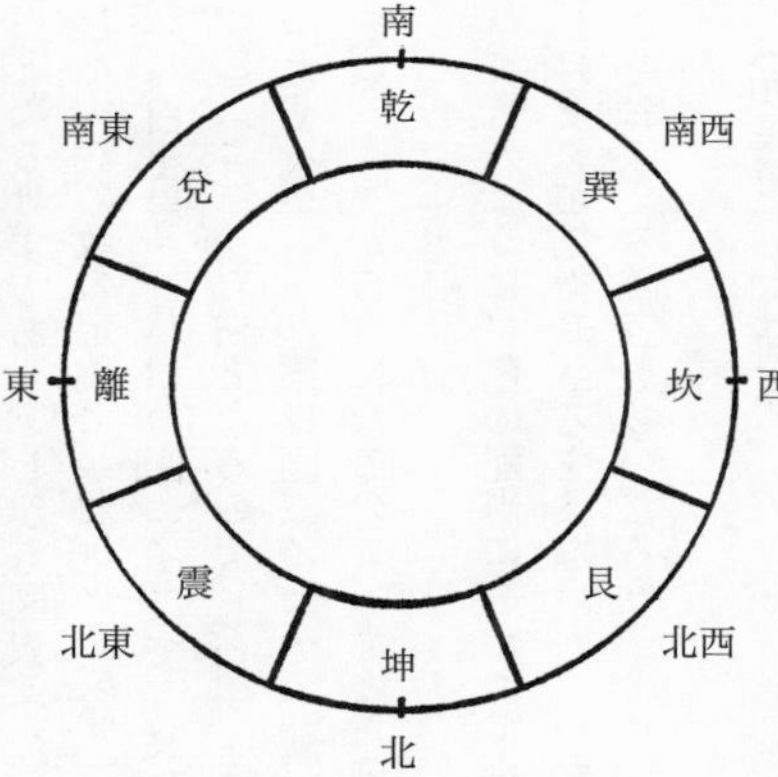

〔ハ図〕先天易による方位配当図

方位	北西	西	南	東	南東	北	北東	南西	中央
色	白	白	赤	青	青	黒	黄	黄	黄

〔ニ表〕

〔五黄土星〕　五黄は図（イ）で中央にあるため、表（ロ）図（ハ）には該当するところがない。表（ニ）から「黄」となる。

〔六白金星〕　六白は図（イ）で「乾」に位し、表（ロ）から白で、図（ハ）の南から表（ニ）の赤になるはずだが、これはそのまま「白」とする。

〔七赤金星〕　七赤は図（イ）で「兌」に位し、表（ロ）から白となるはずであり、しかも図表（八）（二）からは青となるべきところだが、先にご紹介した伏義の数の定義に「七は火を成す」とあり、火は赤であるから、「赤」とする。〔八白土星〕八白は図（イ）で「艮」に位し、表（ロ）から黄となるが、「艮」は図表（八）（二）から白となるので、「白」とする。〔九紫火星〕九紫は図（イ）で「離」に位し、表（ロ）から赤になるが、「離」は図表（八）（二）から青になるので、赤と青の混合色として「紫」とされる。

ご覧のように、色の配当にあたってルール侵犯がめだつようで、これも天意だとすればそれはそれで納得せざるをえないが、いかにもルールがだしに使われている感じに割り切れなさをおぼえる読者も多いだろう。

「九星術」とは何か

この九星による占星術を「九星術」という。つぎに九星術の考えかたを説明しよう。

まず、九星術では天に九宮があると考える。そしてこの九宮をこれから述べるように、九つの星が一定の順序にしたがって「遁甲《とんこう》」していくので、生まれたときの星が現在どのような星回りにあるかで占うわけである。

九星術では、洛書に書かれた例の魔方陣の数を九宮に配置して、これを「九星の定位」という。また、九宮を一般に二重の正八角形であらわし、九星の八卦配当と同じ名称をかぶせ、とくに中央を「中宮」といっている。
易には、世界が刻一刻変化していくという考えかたがあった。この易の原理は九星術にもとり入れられ、干支が年月日で移るように、九星も年月日によって刻々と位置をかえ、移動すると考えられたのである。この九星の移動が先ほどの遁甲で、その順序を「遁甲順序」という。

遁甲の順序は九星とも、図のように魔方陣のなかで1から9まで拾いだすのと同じ順序になる。しかも9までくると、また1へ戻って2、3、4……と移動する。例えば一白水星の遁甲順序を追ってみよう。

いま「五黄中宮」のときの一白水星を考えてみると、この星は遁甲順序図の1の位置から2、3……と移動する。一白水星が2の位置にあるのは、九星図の「四緑中宮」である。こうして、一白水星は「五黄中宮」から「四緑中宮」、つづいて「三碧中宮」「二黒中宮」をへて「一白中宮」へ、さらに「九紫中宮」「八白中宮」……の順序で動くことになる。

遁甲の順序は1、2、3、4……の順序だが、中宮の星数字でみると、五黄、四緑、三碧、二黒、一白、九紫……の中宮へ

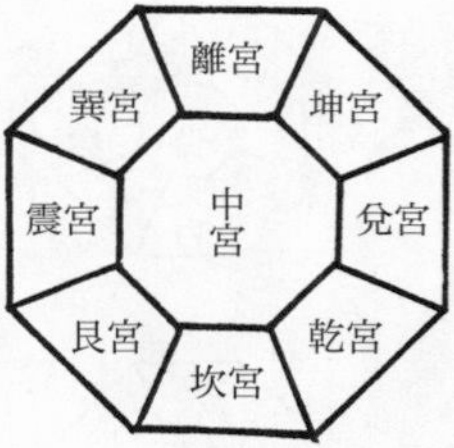

九宮図

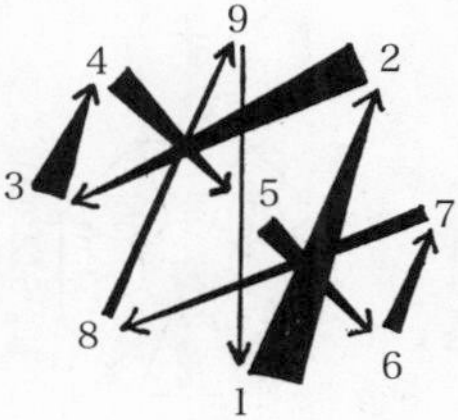

遁甲順序

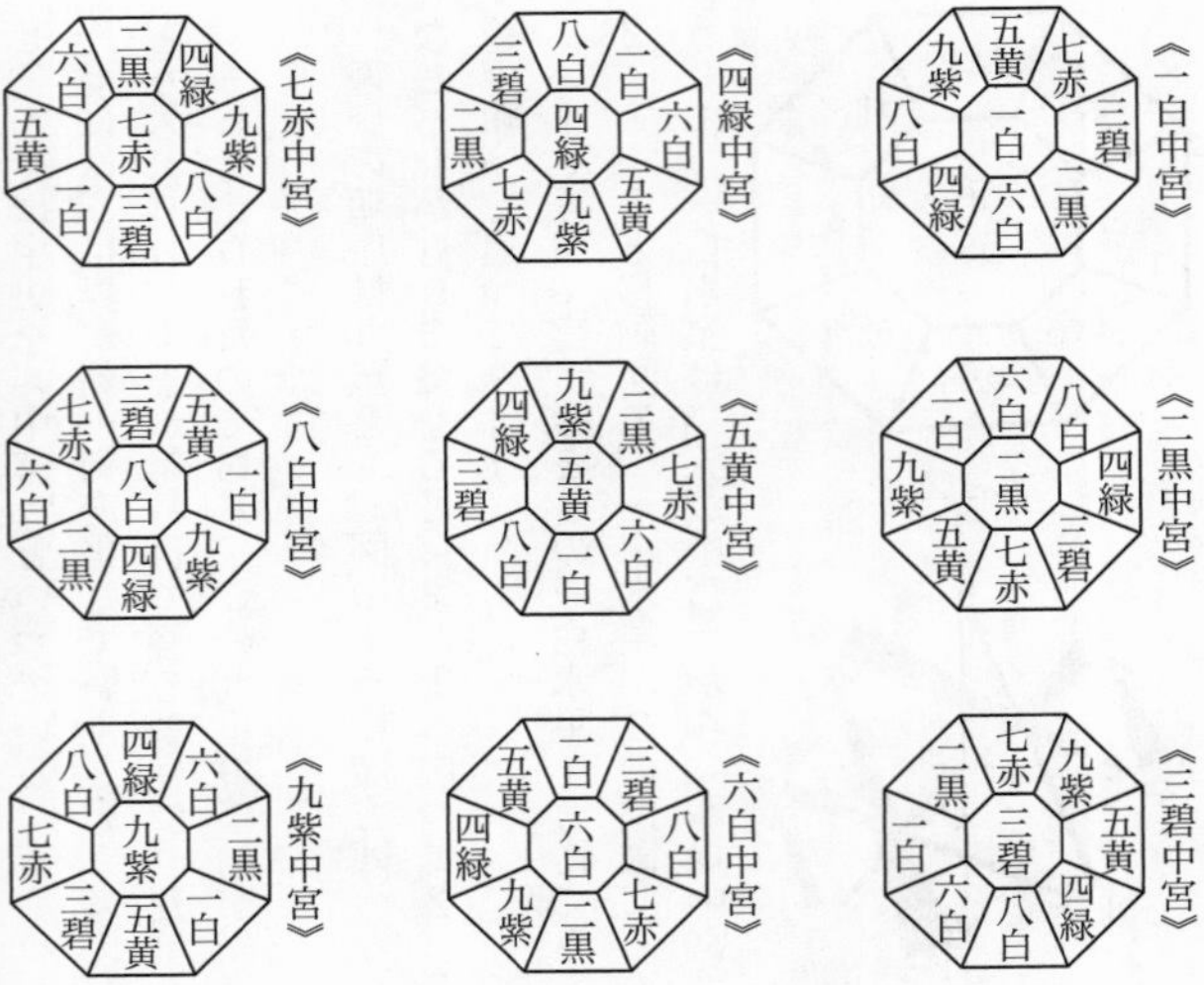

九星図

と、数字が戻っていくことにご注意いただきたい。

　この移動によってできる「九星図」は、上のように、九通りある。

九星の年月日の配当について

九星を年に配当するのに、中国では隋の仁寿四年（六〇四）を基点としていた。その影響から日本では、推古天皇十二年、甲子の年を一白と定めているようである。

それ以来、一年ずつ遁甲順序にしたがって、九紫、八白、七赤……と動いていくわけだが、九星術では実際には、これに十干と十二支を組み合わせるというメーキャップがしてある。

したがって、九星と十干十二支との組み合わせは、9と10と12の最小公倍数である百八十年後に、ふたたび同じ「干支九星年」がめぐってくることになる。例えば、一八六四年の元治元年が「甲子一白水星」の年である。昭和五十七年は「壬戌九紫火星」の年というわけである。

つぎに、九星を「月」に配当するのに、子年の旧暦一月寅月（現在の二月）を八白と定めたようである。これも遁甲の順序の通り、八白、七赤、六白……と移っていく。

さて、九星を日に配当する基点には、「冬至に近い甲子の日」が一白として定められている。ところが、この「冬至に近い」という定義がじつはあいまいであって、冬至の前なのか後なのかが明確にされていないため、流派によって異なるようである。

それはともかく、日の配当については、はじめ遁甲順序と逆になっているところが特徴である。一白の翌日は二黒、つぎの日は三碧……と移動する。はじめといったのは、途中からまた逆になるからで、「夏至に近い甲子の日」を九紫として、翌日は八白、そのつぎは七赤……というふうに、後半はふたたび遁甲順序に戻って動いていくと決められている。

九星術では、中宮の星が運命の星とされていて、この星が時間も空間も含めて、天地万物を支配するというのである。運命の星に象意されるのが神意であり、それがこの世のすべてを決定するという考えかただといってよい。したがって、その人が生まれた年にどんな星が中宮にあったかによって、その人の一生が運命づけられることになる。この生まれた年の中宮の星が「本命星」（略して〝本命〟）で、いわゆる〝もって生まれた星〟というわけである。

U (W)	1	2	3	4	5	6	7	8	9
九星	一白	二黒	三碧	四緑	五黄	六白	七赤	八白	九紫

こうして九星は遁甲し、年月日にしたがって移動していくから、その年、その月、その日で中宮の星も変わり、そのときの象意もさまざまに変化する。本命星は生まれた瞬間の星だから一生変わらないが、九星の動きにつれて周囲の状況が刻々と変化していく。

この本命星と現在の中宮の星とによる象意関係にいろいろな意味をつけ、解釈をくだして吉凶を判断するのが九星術のしくみだといえよう。

年月日の九星計算

年月日の九星を計算で求める方法は、つぎのようになる。

ここでも、すでにおなじみになった合同式「$y \equiv x \pmod{k}$」を使うことになるが、ここでは余りが0になった場合は、余りは9と考えることにする。

西暦y年の九星をUとすると、つぎの合同式が成り立つ。

$$U \equiv -(y+7) \pmod{9},\ 1 \leqq U \leqq 9$$

Uを計算して、図表からUに対応する九星が求める答えとなる。例えば一九八二年の九星は、

$$U \equiv -(1982+7) = -1989$$

$$-1989 \div 9 = -221 \cdots\cdots 余り\ 0,\ または -(1982+7) \equiv 0 \pmod{9}$$

余り0は9とみなしたから、上の表から一九八二年の九星は九紫となる。

同じように、月の九星を求めるには、西暦y年m月の九星をWとすると、

$W \equiv -(3y+m+5) \pmod 9,\ 1 \leqq W \leqq 9$

が成り立つから、例えば一九八二年七月の九星は、

$-(3\times1982+7+5)=-5958\equiv 9 \pmod 9$

となり図表から九紫となる。

日については、定義がはっきりしないので、数学の範囲に入らない。

暗剣殺《あんけんさつ》について

九星術によらず、占星術にはいろいろな解釈があるもので、九星術にも凶方位として「暗剣殺」とか「五黄殺」というのがある。暗剣殺とは、暗闇から剣が急にとびだしてくるような方位のことで、その方位を犯せば、偶発的に、また他発的に急速に障害がおこり、目的を達しないで悪い結果がおこるというのである。

暗剣殺には、方位と時期がある。かんたんにいうと、暗剣殺の方位とは、九星図（二六八ページ）のそれぞれにおいて、五黄土星と反対側の方位をいう。

上にあげたのは暗剣殺の方位リストであるが、この

暗剣殺の方位	時期（年）
北	一白
西南	二黒
東	三碧
東南	四緑
なし	五黄
西北	六白
西	七赤
東北	八白
南	九紫

暗剣殺方位と時期の対応表

暗剣殺の年	本命星
三碧	一白水星
八白	二黒土星
四緑	三碧木星
九紫	四緑木星
なし	五黄土星
一白	六白金星
六白	七赤金星
二黒	八白土星
七赤	九紫火星

本命星と暗剣殺年の対応表

リストがなくとも、九星定位図を思いだせばよい。九星X年の暗剣殺は、定位図でXのある方位になる。例えば、一白水星の年の暗剣殺は北となる。また、五黄中宮の年には暗剣殺がない。

つぎに、暗剣殺の時期というのは、本命星つまり生まれた年の九星が五黄土星の反対側、一八〇度の方向にある時期をいう。

例えば、本命星が三碧である人の暗剣殺の時期を調べてみると、九星図のなかで、三碧が五黄の反対にあるのは四緑中宮の時期だけである。この時期を暗剣殺と呼んでいる。本命星が五黄土星の場合、暗剣殺の時期がないため、この本命星の人は強いといわれている。

五黄殺について

九星術で五黄殺というのは、五黄土星がある方位をいい、その方位を犯せば、五黄土星の悪化作用をうけて、慢性的に、また自発的に緩やかな障害がおこり、目的を達することができず、悪い結果に終わるというのである。

この五黄殺にも、方位と時期がある。五黄殺の方位とは、九星図において五黄土星の位置している方角のことである。

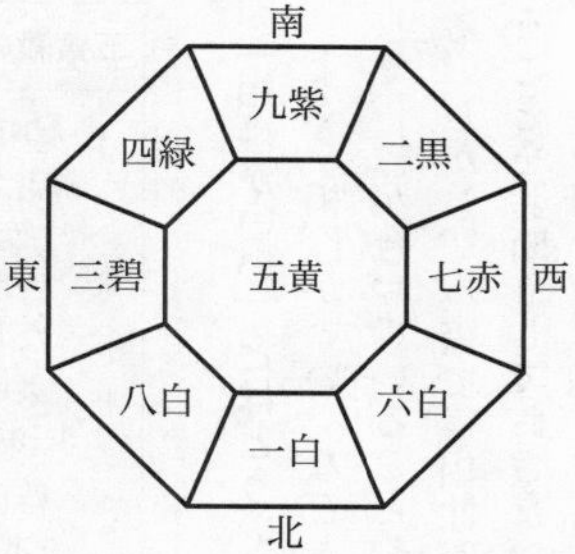

定位図

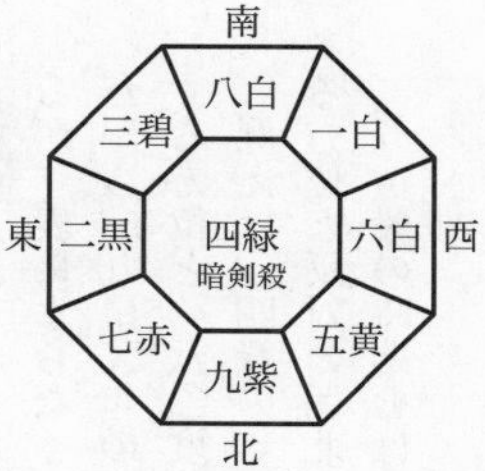

本命星が《三碧》の暗剣殺の時期

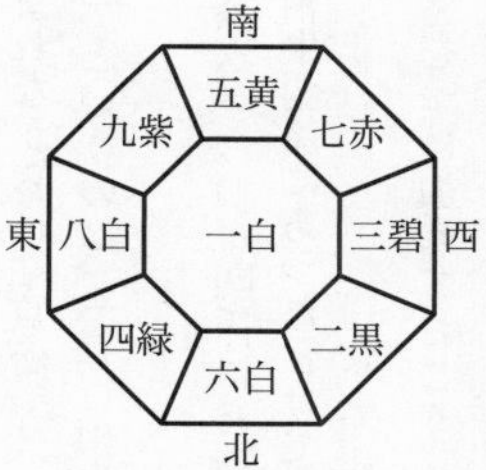

《一白中宮》の暗剣殺

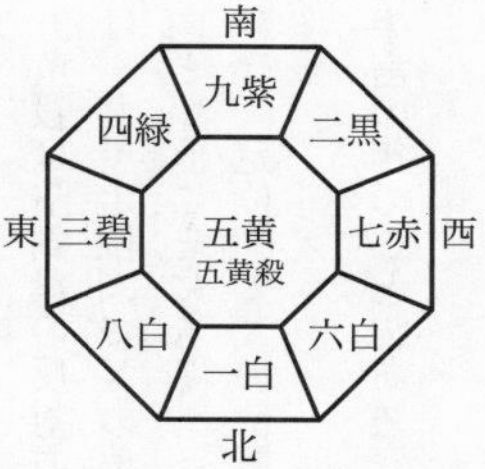

《五黄中宮》の年が五黄殺の時期

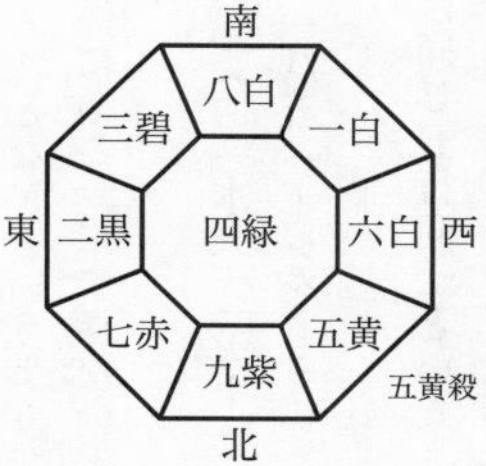

《四緑中宮》の五黄殺

五黄殺の方位	時期（年）
南	一白
東北	二黒
西	三碧
西北	四緑
なし	五黄
東南	六白
東	七赤
西南	八白
北	九紫

五黄殺の方位と時期対応表

その九星それぞれの五黄殺の方位は別表の通りであるが、表によらなくとも、五黄殺は暗剣殺の反対方向だから、九星X年の五黄殺は、九星定位図でXの位置する方位と一八〇度反対方向ということになる。

例えば、四緑の年の五黄殺は、定位図でXの位置する方位と反対の西北となる。

五黄殺の時期とは、五黄中宮の年のことである。

「相性がいい」とはどういうことか

よく「相性がいい」などというが、これは生まれた年月日を五行や干支、九星などに配当して、縁が合っていることや、生まれながらに性質が一致していることなどをいうようである。しかし、本書で「相性がいい」というのは、「五行相生の関係にある」にすぎないということをお断りしておきたい。

五行相生とは、五行が「木火《もっか》土《ど》金水《ごんすい》」の順序関係にあることだった。「木火」「火土」「土金」「金水」「水木」がおたがいに相生関係にあったわけである。一八五ページをもういちど見ていただきたい。

五行相生のほかに、「五行比和」をつけ加えておこう。それは同じ五行同士ということで、例えば「木木」とか「金金」といった関係である。これは「相性がいいとはいえない」、要するに「相生関係にあるとも、またないともいえない」ということである。

もう一つの「五行相剋」は「相性が悪い」とされるが、五行相剋とは「五行相生でも五行比和でもない関係」といってよいだろう。

ただ、これが占星術に使われると、それぞれの解釈や別の理論を介入させて、一種のソフィスティケーションが行われるわけである。

いずれにせよ、九星による相性は、本命星Xと本命星Yとが相生関係にあるかどうかできまってくる。例えば二黒土星の人と、九紫火星の人では、火と土とが相生関係にあるので、「相性がいい」ことになる。また二黒土星の人と、四緑木星の人では、土と木が相剋だから「相性が悪い」となる。二黒土星の人同士の場合は、比和関係にあるから、「相性がいいとはいえない」ことになる。

九星の「相性」を計算する

九星の相性を計算するには、これも前に説明したガウス記号［x］を使う。この記号は、xを超えない最大の整数をあらわすから、例えば、$[3]=3$, $[2.3]=2$, $[0.8]=0$となる。

(1)「一白水星」と相性のいい九星をAとすると、つぎの式が成り立つ。

$$\left[\frac{A+2}{5}\right]=1,\ A\neq 5$$

$A=1$とすると、$[(1+2)\div 5]=[0.6]=0$だから、成り立たない。

A=2とすると、[(2+2)÷5]=[0.8]=0だから、これも成り立たない。
A=3とすると、[5÷5]=[1]=1となって成り立つ。
A=4では、[6÷5]=[1.2]=1で成り立つ。
A=5は条件にA≠5とあるので考える必要はない。
A=6では、[8÷5]=[1.6]=1で成立する。
A=7の場合は、[9÷5]=[1.8]=1だから成立。
A=8の場合は、[10÷5]=[2]=2となって成立しない。
A=9の場合は、[11÷5]=[2.2]=2で成立しない。

というわけで、最初の式をみたすのは、Aが3、4、6、7の場合となり、一白水星と相性がいいのは三碧木星、四緑木星、六白金星、七赤金星であることがわかる。

またちょっと複雑になるが、A≠5という条件をはずして、すっきりした形の数式もできるので、ご紹介しておこう。それは、一白水星と相性のいい九星をAとすると、つぎの数式である。

$$\frac{\left[\frac{A+2}{5}\right]}{-\left[\left[\frac{A}{5}\right]-\frac{A}{5}\right]}=1$$

計算すればおわかりのように、Aが5のとき以外は、分母がプラス1となり、二七五ページの式と同じになる。ところが、A＝5の場合は、あたえられた方程式の分母が0になってしまうので、二七八ページの下欄でおわかりのように、方程式は成り立たない。すなわち、先の条件と同じになる。

余談だが、$\frac{0}{0}$という数値が何かお考えいただきたい。

（2）二黒土星と相性のいい九星をBとすると、つぎの数式をみたすようなBが求める答えとなる。

$$\left[\frac{B-2}{4}\right]=1,\ B\neq 8 \text{ または } \frac{\left[\frac{B-2}{4}\right]}{-\left[\left[\frac{B}{8}\right]-\frac{B}{8}\right]}=1$$

前と同じ解きかただから、答えだけ示すと、二黒土星と相性のいい九星は六白金星、七赤金星、九紫火星となる。

（3）三碧木星と相性のいい九星をCとすると、

†$\frac{0}{0}$について

$\frac{0}{0}$の答えとして、つぎの四つの解答のうちどれが正解か考えてみよう。

（イ）0と0を約して、答えは1である。

（ロ）$\frac{0}{0}=x$とおくと、分母をはらって$0=0x$となるから、答えは任意の数でよい。

（ハ）分子に0があるから、答えは0。

（ニ）分母が0だから、答えは無限大。

さて、実はこの四つの答えについては、そのどれもが正解ではない。分母が0になる数は、数学的な存在として認められてはいない。それゆえ、ご承知のように、ある数を0で割ることは、数学の演算では禁止されている。したがって分母が0である分数は意味を失うことになる。

二七六ページの方程式でも、左辺の分母が0になると意味を失ってしまうために、A＝5のときは、もちろんこの方程式は成り立たないことになるわけである。

$$\left[\left[\frac{C+7}{8}\right]-\frac{C+7}{8}+1\right]=1$$

をみたすようなCが相性のいい九星となる。結論からいうと、Cが1と9のとき、成り立つが、それ以外は成り立たない。したがって相性のいいのは一白水星と九紫火星となる。

(4) 四緑木星と相性のいい九星Dは、

$$\left[\left[\frac{D+7}{8}\right]-\frac{D+7}{8}+1\right]=1$$

をみたすようなDだから、相性がいいのは一白水星と九紫火星となる。

(5) 五黄土星と相性のいい九星は、つぎの式をみたすEである。

$$\left[\frac{E-2}{4}\right]=1,\ E\neq 8$$

したがって、相性のいいのは六白金星、七赤金星、九紫火星となる。

(6) 六白金星と相性のいい九星をFとすると、つぎの数式をみたすFが求める答えで、

$$(F-1)\left[\left[\frac{F+1}{3}\right]-\frac{F+1}{3}+1\right]-F+2=1$$

ちょっと面倒だが、足し算と掛け算だけの計算だから試していただきたい。結論からいうと、Fが1、2、5、8のとき、右の式が成り立つことがわかる。したがって、相性のいい九星は、一白水星、二黒土星、五黄土星、八白土星となる。

（7）七赤金星と相性のいい九星をGとすると、つぎの式をみたすGが答えである。

$$(G-1)\left[\left[\frac{G+1}{3}\right]-\frac{G+1}{3}+1\right]-G+2=1$$

すなわち相性のいい九星は、一白水星、二黒土星、五黄土星、八白土星となる。

（8）八白土星と相性のいいのは、

$$\left[\frac{H-2}{4}\right]=1,\ H\neq 8$$

をみたすHだから、六白金星、七赤金星、九紫火星が相性がいいことになる。

（9）九紫火星と相性のいいのは、

$$(I-8)\left[\frac{I+2}{4}\right]-I+9=1$$

をみたすようなIである。したがって、二黒土星、三碧木星、四緑木星、五黄土星、八白土星が相性のいい九星となる。

つぎに、九星による相性のなかに「暗剣殺」の考えを入れた「暗剣殺による相性」を調べてみよう。

これは、「本命星」が中宮に位する九星図で（二六八ページ）、暗剣殺の方位にある九星を「暗剣殺の星」として、「相性の悪い星」としたものである。例えば二黒土星の年生まれの人は、二黒中宮の九星図で暗剣殺の方位が八白の方角だから、暗剣殺の星は八白金星となるわ

本命星	暗剣殺による相性の悪い星
一白	六白
二黒	八白
三碧	一白
四緑	三碧
五黄	なし
六白	七赤
七赤	九紫
八白	二黒
九紫	四緑

けである。

本命星と暗剣殺による「相性の悪い」九星の対応表は、上のようなリストで示すことができる。しかし、それにしても暗剣殺、五黄殺のいずれも、星の位置関係をあらわす言葉にしては、いかにも人騒がせで、物騒だというほかはない。

十二支による相性

十二支による相性も、九星術の相性と同じ五行の相生、比和、相剋から判断される。

例えば、子年生まれと申年生まれの人では、子が五行の水、申が金というわけで相生関係にあるから、「相性がいい」といい、子年生まれと丑年生まれの人では、水と土で相生関係になく、「土剋水」という相剋関係だから「相性が悪い」ということになる。

この十二支の相性を計算するには、またまたガウス記号［x］と、合同式 $y \equiv x \pmod{k}$ を使うが、その答えを左上の十二支と数との対応表で見ればよい。

（1）子年生まれと相性のいい十二支を a とすると、つぎの式をみたす a が求める答えである。

数	1	2	3	4	5	6	7	8	9	10	11	12
十二支	子	丑	寅	卯	辰	巳	午	未	申	酉	戌	亥

$$\left[\frac{a-1}{2}\right] \equiv 1 \ (mod\ 3)$$

右の式のaに1から順に12までの数を入れてみると、aが1、2、5、6、7、8、11、12の場合は成り立たないことがわかる。右の式が成り立つのはaが3、4、9、10のときである。

したがって、子年生まれと相性のよい十二支は、寅、卯、申、酉となる。

(2)丑年生まれと相性がいいのは、つぎの式をみたすbである。

$$\left[\frac{b-1}{5}\right] = 1,\ b \neq 8$$

右の式が成り立つのは、bが6、7、9、10の場合だから、表から相性のいい十二支は、巳、午、申、酉となる。

(3)寅年生まれと相性がいいのは、つぎの式をみたすcである。

$$\left[\frac{c-4}{2}\right] \equiv 1 \ (mod\ 3)$$

式が成り立つのは、cが1、6、7、12の場合だから、相性のいいのは、子、巳、午、亥となる。

(4)卯年生まれと相性がいいのは、つぎの式をみたすdである。

$$\left[\frac{d-4}{2}\right]\equiv 1 \ (mod\ 3)$$

相性のいい十二支は、子、巳、午、亥となる。

(5) 辰年生まれと相性がいいのは、つぎの式をみたすeである。

$$\left[\frac{e-1}{5}\right]=1,\ e\neq 8$$

相性のいい十二支は、巳、午、申、酉年生まれとなる。

(6) 巳年生まれと相性のいい十二支をfとすると、複雑な式だが、つぎの式をみたすfが解となる。

$$\left[\left[\frac{f+1}{3}\right]-\frac{f+1}{3}+1\right]+\left[\left[\frac{\left[\frac{f-1}{2}\right]+5}{6}\right]-\frac{\left[\frac{f-1}{2}\right]+5}{6}+1\right]=1$$

fに1から12までの数を入れてみると、fが2、3、4、5、8、11のときに成り立つ。

ぜひ計算に挑戦してみていただきたい。

巳年生まれと相性がいいのは、丑、寅、卯、辰、未、戌となる。

(7) 午年生まれと相性のいいgを求めるのは、前の巳年生まれの相性を求めるのと同じ式である。前式のfをgに変えるのは当然であるが、相性のいい十二支も同じく、丑、寅、卯、辰、未、戌となる。

（8）未年生まれと相性がいいのは、つぎの式をみたすhである。

$$\left[\frac{h-1}{5}\right]=1,\ h\neq 8$$

未年生まれと相性がいいのは、巳、午、申、酉となる。

（9）申年生まれと相性のいいのは、これも面倒な感じだが、つぎの式をみたすiとなる。

$$\left[\left[\frac{i+1}{3}\right]-\frac{i+1}{3}+1\right]+\left[\left[\frac{i+10}{11}\right]-\frac{i+10}{11}+1\right]=1$$

iが1、2、5、8、11、12のときに成り立つので、申年生まれとの相性は、子、丑、辰、未、戌、亥年生まれがいいことになる。

（10）酉年生まれの相性jを求めるのは、（9）の申年生まれの場合と同じ式で、iをjに変えて数式をみたすjを求める。相性のいい十二支は、子、丑、辰、未、戌、亥である。

（11）戌年生まれと相性のいいのは、

$$\left[\frac{k-1}{5}\right]=1,\ k\neq 8$$

をみたすkで、相性がいいのは、巳、午、申、酉となる。

（12）亥年生まれとの相性がいい十二支は、

$$\left[\frac{l-1}{2}\right]\equiv 1\ (mod\ 3)$$

をみたすようなlで、相性がいいのは、寅、卯、申、酉となる。

第十三章　ホロスコープの科学

「蟹座の生まれ」とはどういうことか

前にカルデア人たちが遊牧民であったことを述べたが、もういちど彼らの世界に戻ることにしよう。彼らは、夜空の降るような星を眺めて、〝七つの惑星〟のなかに神の姿を認めながら生きていた。そのため満天にきらめく星の相互の距離は同じでも、季節とともに位置を変えるとか、月がどの星の間を通りぬけるのかということを知っていた。

しかし、太陽の通る道はいったいどうなっているのかわからなかった。というのも、昼間は星が見えないからである。太陽はただ光と熱を放射しながら、傲然《ごうぜん》と天空を歩んでいくが、季節を知り、時を測るには、どうしても太陽と月の位置を知る必要があった。そこでカルデア人たちは、黄道（見かけ上、太陽が天空を動く軌道）の付近の星群を十二に分けて、それぞれに名前をつけた。

遊牧民にとって、羊の群れを追って移動するもっとも重要な時期は春分である。その春分を一年の初めと考え、その時期の星座を牡羊座と名づけ、以下、順に牡牛座……魚座というようにきめていった。これが「黄道十二星座」である。この十二星座のなかを、太陽は春分点から一ヵ月にほぼ一つずつ星座を移って、一年たつとふたたび元の星座に戻る。

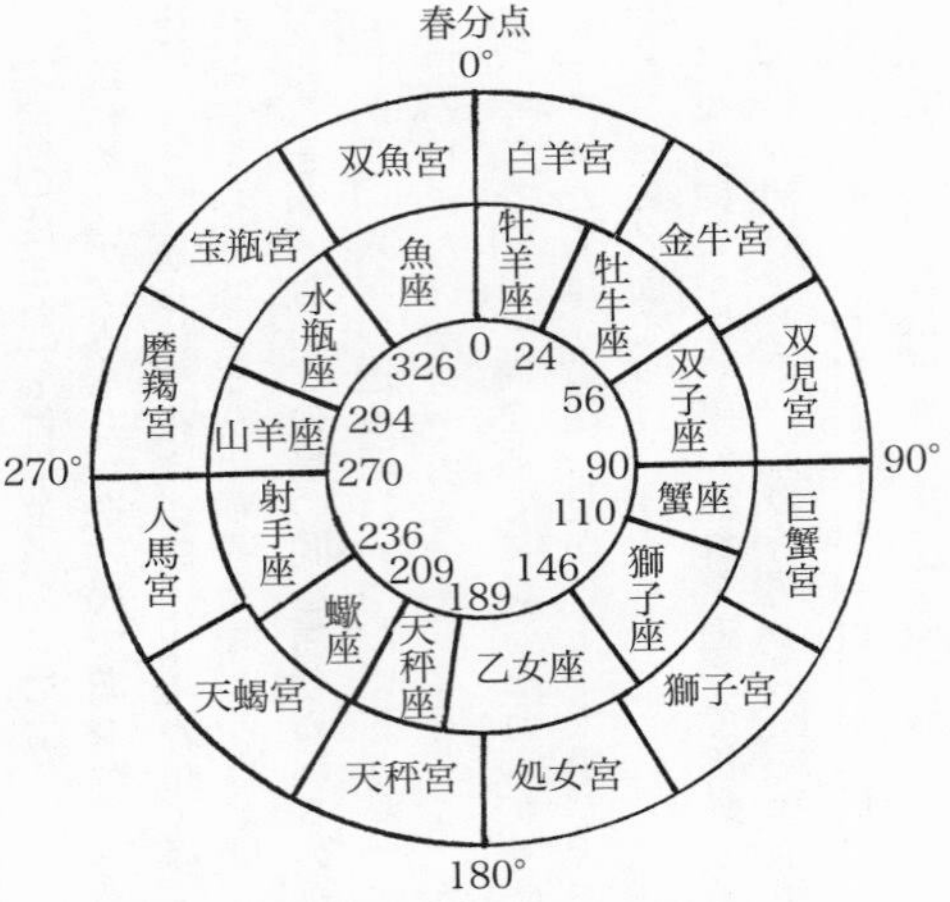

西暦50年ごろの黄道十二宮と十二星座の関係
(牡羊座の端が春分点と一致している。内側の円が星座で1年間に50.26秒ずつ回転している)

太陽と月と五つの惑星がどの星座にあるか。それによって人間の運命を決定しようという占星術が発展するには、こうした星座が必要欠くべからざる道具立てだった。

こうした星座というのは、遊牧民たちがギリシャ神話をもとに、神や獣の姿かたちを空想しながら、果てしない夢とロマンをこめて名づけたものだといわれるが、それぞれの星座は大きさも間隔もばらばらであった。

そこで紀元前一五〇年ごろ、ギリシャの天文学者ヒッパルコスが、春分点（地球の赤道と黄道とが交叉する点）を基点として、黄道上を十二等分して、牡羊宮以下の名前をあてはめた。これがいわゆる「黄道十二宮」である。獣の名前が多いところから「獣帯十二宮」とも呼ばれている。またこれらは、のちに中国で白羊宮、金牛宮、……双魚宮といったので、日本ではこの名前も使われているようである。

いずれにせよ、黄道十二星座と黄道十二宮とは別物と考えたほうがいい。十二星座は区分が不揃いだが、十二宮は黄道を十二等分し、一つが三〇度ずつと一定だからである。

さて、ヒッパルコスが黄道十二宮を定めたときには、確かに春分点が牡羊座にあって、星座の牡羊座と十二宮の牡羊宮（白羊宮）とは一致していた。

ところが、地球は「歳差運動」といって、コマの首振り運動のような動きをしているため、春分点が一年間に五〇・二六秒ずつ西へ動いていったのである。年がたつにつれて春分点は移動し、二千二百年もたった現在では、三〇度もずれて、春分点が星座でいえば魚座に入っている。このように十二星座と十二宮とは、現在ではすでに一星座ずれているのである。

もう少し数字に即していえば、年間五〇・二六秒（〇・〇一三九六度）ずつずれていくと、約二千二百年間でおよそ一星座ずれ、約二万五千八百年周期で、春分点が

記号	黄道十二宮		黄道十二星座
♈	白羊宮《アリエス》	Aries	牡羊座
♉	金牛宮《タウルス》	Taurus	牡牛座
♊	双児宮《ゲミニ》	Gemini	双子座
♋	巨蟹宮《カンケル》	Cancer	蟹　座
♌	獅子宮《レオ》	Leo	獅子座
♍	処女宮《ウイルゴ》	Virgo	乙女座
♎	天秤宮《リブラ》	Libra	天秤座
♏	天蝎宮《スコルピオ》	Scorpio	蠍　座
♐	人馬宮《サギッタリウス》	Sagittarius	射手座
♑	磨羯宮《カプリコルヌス》	Capricornus	山羊座
♒	宝瓶宮《アカリウス》	Aquarius	水瓶座
♓	双魚宮《ピスケス》	Pisces	魚　座

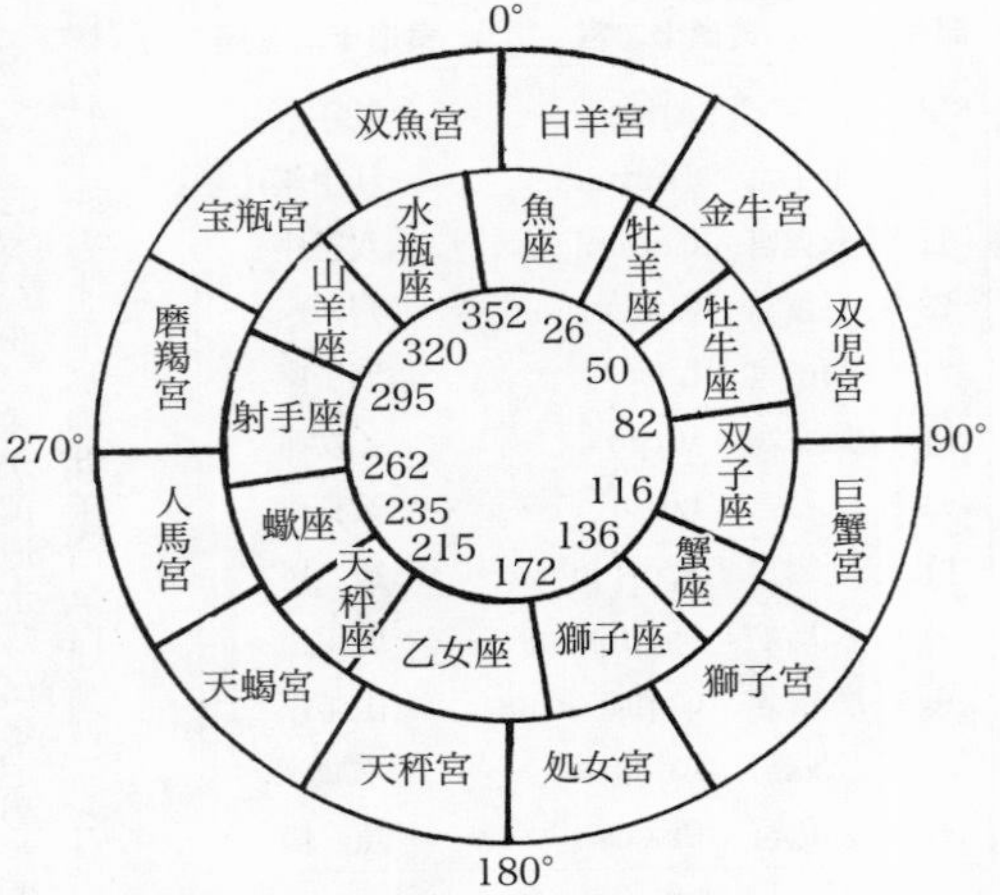

現在の黄道十二宮と十二星座の関係（内側の星座が右廻りに1年間に50.26秒ずつずれていっている）

ふたたび牡羊座の端に一致することになる。

英語で春分点を「春の分点《ヴァーナル・エクイノックス》」というが、また「牡羊座《アリエス》の最初の点」the first point of Aries ともいうのは、黄道十二宮をつくったときには、まだ春分点と牡羊座の始点とが一致していたことを物語っている。

しかし、いま述べたように、現在では春分点は牡羊座にはない。それゆえ、「アリエス」には星座の牡羊座と黄道十二宮の白羊宮という二つの意味があるが、〝春分点はアリエスの始点〟というときは、アリエスは白羊宮の意味に考えないとおかしいことになる。ついでながら、秋分点 autumnal equinox は「天秤宮の始点」the first point of Libra というが、天文学の言葉である春分点・秋分点を占星術の言葉で表現しているのも面白い。

繰り返すが、現在ではもちろん黄道十二宮は、天文学上の十二星座とはまったく別であり、占星術だけに用いられている。ところが、現在の占星術では、黄道十二星座と黄道十二宮を混同しているのである。そのことをご存じだろうか。

占星術で「白羊宮生まれ」といえば、それは生まれた日に太陽が白羊宮にあったという意味である。人間にとって、七惑星のうちでもっとも影響力の大きいのは太陽であると考えて、生まれた時間に太陽が白羊宮にあったために、その人が白羊宮の性質と運命を一生もっていると解釈をするから星占いなのである。

それを現在では、「牡羊座生まれ」といっている。これは、その人が生まれたとき、太陽が牡羊座にあったということなのだが、太陽は残念なことにその時すでに牡羊座にはなかったのである。歳差運動のために「春分点」がずれていたからである。

例えば、占星術で一月十四日に生まれた人は山羊座の生まれというが、正確には「磨羯《まかつ》宮」の生まれといわなければならない。しか

現在のいいかた	誕生日
牡羊座生まれ	3月21日～4月20日
牡牛座生まれ	4月21日～5月20日
双子座生まれ	5月21日～6月21日
蟹　座生まれ	6月22日～7月22日
獅子座生まれ	7月23日～8月22日
乙女座生まれ	8月23日～9月22日
天秤座生まれ	9月23日～10月21日
蠍　座生まれ	10月22日～11月21日
射手座生まれ	11月22日～12月21日
山羊座生まれ	12月22日～1月19日
水瓶座生まれ	1月20日～2月18日
魚　座生まれ	2月19日～3月20日

誕生日と黄道十二宮（欧米の資料による。1日前後のずれがある）

もそのとき、太陽は山羊座にはなく、射手座にある。したがって、現在の「山羊座生まれ」の人はほんとうは「射手座生まれ」としなければならないのである。しかしみんなが星座移住を始めたら、名目だけにせよ民族大移動の比ではない。まあ、そっとしておいて、ただし論理的に考えればこうだという点を忘れなければ、頭脳の遊びとして楽しいものであることに変わりはない。

占星術の生い立ち

占星術は、英語では「アストロロジー」astrologyといい、「星」を意味するギリシャ語の「アストロン」(ラテン語の「アステル」aster)と、「学問」「学説」を意味する「ロギア」とを合わせてできた言葉で、いってみれば「星の学問」ということになる。一方、天文学《アストロノミー》astronomyというのは、同じようにギリシャ語の「法則」「法律」を意味する「ノミア」のついた言葉だから、「星の法則」というわけで、「星の学問」と一線を画すほど立派な意味をもっているわけではない。要するに、占星術と天文学は、古くは似た者同士だといってよい。

占星術は、天に記された星の文字を読んで神の意志を伝える術として起こったものである。

地上のすべての現象が神の意志にあり、それが文字として、天に記されていると考えたのである。そして古代から中世にかけて、西洋の占星術は、人間が太陽と月と五つの惑星に支配されているとして、その位置関係をもとにつくられた。その後、天王星、海王星、冥王星が発見されたため、昨今の占星術は、太陽と月と八つの惑星によって構成されることになった。

五つの惑星が八つにふえたからといって、「誕生占星術」genethliology であることに変わりはない。生まれた瞬間の惑星の位置の組み合わせによって、その人の性格も運命も〝決定〟されてしまうというのが誕生占星術のベースで、しかも人間にもっとも大きな支配力をもつと考えられている太陽が、生まれた日に黄道十二宮のどの宮にいるかで「何座生まれ」が決められるわけである。

占星術では、生まれた月日が何座にあたるかを知ることが必要になるが、ここでは固いことはいわずに、黄道十二宮も現代流に黄道十二星座の名前で呼ぶことにしよう。

黄道十二宮とは

黄道十二宮は、ギリシャ神話をもとにして名前がつけられ、それぞれ星の象意があたえられている。

〔牡羊座〕　白羊宮　♈　Aries《アリエス》（支配星は火星）。

ギリシャ神話で、シシュポスの兄弟たちの一人アタマスは、二人の妻との不和から彼女たちの怨みを受けて国土が旱魃に襲われ、全土が不毛の地と化した。そのためアタマスの子プリクソスとヘレーが国土を救う生贄にされかけたが、その二人を背に乗せて助けだしたのが金羊毛をもった羊であった。古代人にとって最大の関心事だった旱魃にまつわるこの牡羊が星座名になったのは古代人の自然な感情であろう。

〔牡牛座〕　金牛宮　♉　Taurus《タウルス》（支配星は金星）。

フェニキアの王女で絶世の美女であるエウロペ Europe に心を奪われたゼウスは、眼つきもやさしい真っ白な牡牛に変身して彼女を誘惑したといわれているが、その牡牛が牡牛座の名となった。ちなみにエウロペが誘惑されて連れていかれた土地がヨーロッパ Europe である。

〔双子座〕　双児宮　♊　Gemini《ゲミニ》（支配星は水星）。

スパルタ王チュンダレオスの妃レダに想いを寄せたゼウスは、白鳥と化してレダと一夜をともにしたといわれる。そのためレダは、やがてゼウスの子ポルックス Pollux と、夫君の子カストール Kastor の双子を生むことになった。この双生児は、たいへん仲のいい立派な青年として育つが、ポルックスはゼウスの子として不死の神性をもち、カストールは人間の子として死ぬ運命をもっていたので、二人は運命を半分ずつ分け合い、兄弟そろって一年の半分を天上で、半分を冥界で過ごすことにしたという。双子座は、半年は夜空に見えるが、半年は地平線の下にかくれて見えない。これが双子座のいわれである。

〔蟹座〕　巨蟹宮《きよかい》　♋　Cancer《カンケル》（支配星は月）。

ゼウスの子で、ギリシャ神話最大の英雄ヘラクレスは、生まれながらに女神ヘーラー（ゼウスの正妻）の呪いをうけ、十二の危険な冒険にいどむ破目になったが、その一つに九頭の大蛇ヒュドラー退治がある。ところがヘラクレスがヒュドラーの不死の頭を切り落とそうとすると、女神ヘーラーは巨蟹カルキノスをさしむけて英雄を殺そうとした。踵《かかと》をはさまれながら、ヘラクレスは蟹を踏みつぶし、ヒュドラーをも倒したが、ヘーラーはこの蟹を憐れんで天上の星座とした。蟹が天上に昇って十二宮の獅子座のとなりに座をしめたのが蟹座である。話がそれるが、最近、乳ガンは手術で治るといわれるが、英語などでガンを cancer というのは、乳ガンになると乳房の形が蟹の甲羅のようになるところから来ている。

〔獅子座〕　獅子宮　♌　Leo《レオ》（支配星は太陽）。

ヘラクレスの十二の冒険の一つに、不死身のライオン退治がある。怪力の英雄ヘラクレスがこのライオンを素手で絞め殺したので、ゼウスが息子の功績を讃えるために、天の星座に記念としてライオンを加えたという。これが十二宮の獅子宮となった。

〔乙女座〕　処女宮　♍　Virgo《ウィルゴ》（支配星は水星）。

ゼウスと大自然の規則をつかさどる女神テミスの子アストライアは正義の女神で、はじめは人間の世界に住んで正義をひろめていたが、人間の不正や争いが目にあまるようになったため、天上に戻ってしまったという。これが乙女座である。

〔天秤座〕　天秤宮　♎　Libra《リブラ》（支配星は金星）。

乙女座となった正義の女神アストライアが持っていたとされる天秤で、紀元前一五〇〇年ごろ、ちょうど昼夜の釣り合いのとれる秋分点もこの星座のところにあったので、天秤座と名づけられたといわれている。

〔蠍座《さそり》〕　天蝎宮《てんかつ》　♏　Scorpio《スコルピオ》（支配星は冥王星）。

狩人の巨人オリオンは、月神アルテミスを犯そうとして、彼女の放ったさそりに刺されて死んだ。また、オリオンは「世界で自分より強いものはいない」とおごり高ぶったため、女神ヘーラーの放ったさそりに生命を奪われたともいわれている。巨人は天にのぼってオリオン座になったが、オリオン座は、蠍座が天空に現われると、恐れをなして地平線の下へもぐってしまうという。なお中国で「参商」というと、遭遇しないとか、仲が悪いという意味だが、参とはオリオン座の三つ星、商は蠍座のアンターレスの三つの星のことである。

〔射手座《いて》〕　人馬宮　♐　Sagittarius《サギツタリウス》（支配星は木星）。

上半身が人間の半人半馬をケンタウロスというが、その一族で、音楽、医学、狩猟に秀れ、勇者アキレスや医神アスクレピオスを育てたといわれるケイロン Cheiron を称えて、ゼウスがその弓をひく姿を星座に残したという。これが射手座である。

〔山羊座〕　磨羯宮《まかつ》　♑　Capricornus《カプリコルヌス》（支配星は土星）。

ヘルメスの息子パーン Pan（ローマ神ファウヌス）は、生まれながらに二本の角を生やし、山羊の脚をもち、長い髯をした牧神である。パーンは、怪物テュポーンが攻めてきたとき、ナイル川に飛びこんだが、あわてていたため、水に浸ったところだけは魚の姿になり、水面に出ていたところが山羊になったといわれる。ゼウスがそれをそのままの形で天空に上げたのが山羊座である。

牧神パーンは、山野を陽気にとび回っては午睡をとるのが日課だったので、牧人たちはその眠りを妨げないように気をつかったという。パーンは寝起きが悪く、起こされると仕返しをしたからである。ドビュッシーの『牧神の午後への前奏曲』は、昼寝から覚めたパーンが水浴みする妖精ニンフたちに戯れる様子をあらわした作品として知られている。

なお、カプリコルヌスの capri とは、英語の caprice（気まぐれ）などの語源で「山羊」の意味、cornus は「角《つの》」ということである。なおこのパーンが騒いで人々をあわてさせ、恐怖におとしいれるところから生まれた言葉が「パニック」panic であるのは面白い。

太陽、月、惑星の記号と象意

太陽	☉	Sun	創造・生命	父・夫
月	☽	Moon	変化・願望	母・妻
水星	☿	Mercury	才能・伝達	兄弟
金星	♀	Venus	愛情・調和	若い女性
火星	♂	Mars	活力・災難	若い男性
木星	♃	Jupiter	幸運・成功	中年
土星	♄	Saturn	努力・忍耐	老人
天王星	♅	Uranus	進歩・独立	—
海王星	♆	Neptune	神秘・秘密	—
冥王星	♇	Pluto	更生・変動	—

〔水瓶《みずがめ》座〕　宝瓶宮　♒　Aquarius《アカリウス》（支配星は天王星）。

トロイアの王子ガニュメーデスは、たいへんな美少年だったので、ゼウスは鷲に変身して少年をさらっていき、神々の酒宴《シンポジウム》に侍らせたといわれるが、そのガニュメーデスがかついでいた水瓶が星座に残されて水瓶座となった。

〔魚座〕　双魚宮　♓　Pisces《ピスケス》（支配星は海王星）。

美の女神アプロディテーとその子エロス（クピドー）は、怪物テュポーンに攻められてユーフラテス川に飛びこみ、魚になって逃れたといわれる。その二匹の魚を女神アテナイが天上に連れていって魚座にしたという。

ついでながら、生物学で雄雌を示す記号（♂♀）は、雄々しい軍神マルスの剣と盾、美の女神ウェヌスの手鏡をかたどった火星と金星の記号を転用したもので、一七五五年にリンネが採用した。

占星術による相性

さて、ここで占星術による相性とは何かをご紹介しておこう。

占星術では、星座あるいは支配星の位置関係、「アスペクト」aspect で相性を決め、そのアスペクトをつぎの五つのパターンに分けている。

〔合〕 ☌ conjunction 二つの星が同じ方向にあることをいう。
〔六分〕 ＊ sextile 二つの星がおたがいに六〇度の角度にある場合。
〔矩〕 □ square 二つの星がたがいに九〇度をなしていること。
〔三分〕 △ trine 二つの星が一二〇度をなしていること。
〔衝〕 ☍ opposition 二つの星座がおたがいに反対の方向（一八〇度）になっている場合をいう。

結局、占星術で「相性がいい」「相性が悪い」というのは、二つの星座、あるいは二つの支配星がなす角度で決まってしまう。

すなわち生まれた星座が相手の星座と「合」または「三分」の角度にあるとき、相性がもっともよいとする。

相手の星座と「六分」の角度にあれば、相性がいいとし、矩の角度にあると、相性はよくないとするわけである。

例えば、牡羊座生まれの人は、同じ牡羊座の人と「合」の関係、獅子座、射手座生まれの人と「三分」の関係にあるから、もっとも相性がいいことになる。天秤座生まれの人は、山羊座、蟹座の人と「矩」の関係にあり、相性が悪いといわれる。

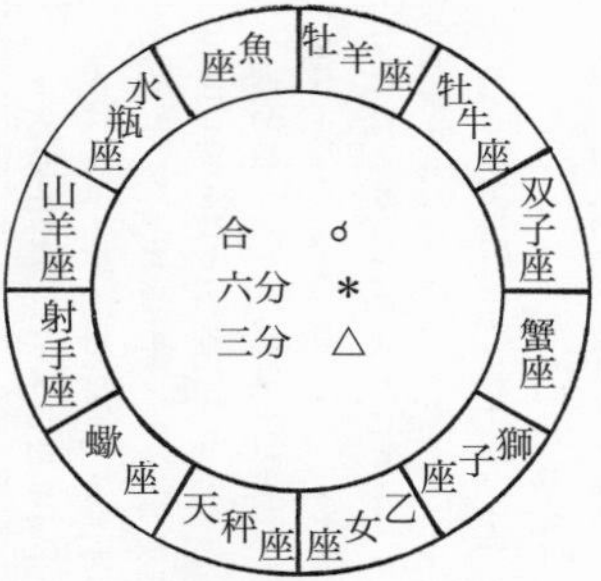

星座と星座の関係

占星術の相性を計算する

最後に、数式で占星術の相性を計算する遊びをやってみよう。

ここでも七曜のツェラーの式のところ（五八ページ）で説明した「$y \equiv x \pmod{k}$」を使う。これはすでにおわかりのように、$y=kt+x$（tは整数）のことで、$25 \equiv 4 \pmod{7}$、$-4 \equiv 0 \pmod{4}$［$\because -4=4\times(-1)+0$］、$-5 \equiv 7 \pmod{12}$［$\because -5=12\times(-1)+7$］などが成り立つ。

星座には、二九九ページの表のように番号をつけ

†誕生占数術「ヌメロロギア」

古代人は、誕生日によって運命数を規定し、その数が人生の基盤となって運命を支配すると考える誕生占数術を生みだした。これを「ヌメロロギア」numerologia という。

運命数を求めるには、誕生日（西暦の年月日）を合計し、その答えがかりに1951なら、1、9、5、1をまた合計し、その答え16の1と6を足すと、和は7になるが、このように和が一桁になるまでつづけて、得られた数をその人の「運命数」とした。

例として一九三五年十月二十二日生まれの人の運命数を求めると、1935＋10＋22＝1967となるから、それをさらに1＋9＋6＋7＝23とし、さらに2＋3＝5から、この人の運命数は5となる。

†運命数の象意

1	原点	権力	独立
2	反射	社交	人情
3	発生	自由	芸術
4	構成	革新	独自
5	発芽	判断	変化
6	生産	適応	愛情
7	理想	神秘	才能
8	建設	努力	正義
9	行動	完成	情熱

運命数aをもつ人は、運命数aをもつ月日が「吉日」とされ、例えば運命数3の人は、三月、十二月がよく、三日、十二日、三十日がいいとされる。また運命数aをもつ人と相性がいいのは、つぎの三つの式で計算されるbを運命数にもつ人であるとされる。

(1) $a-1\equiv b \ (mod\ 9)$, (2) $a+2\equiv b \ (mod\ 9)$, (3) $a+5\equiv b \ (mod\ 9)$

例えば、運命数7をもつ人と相性がいいのは、(1) $7-1=6$, (2) $7+2=9$, (3) $7+5=12\equiv 3 \ (mod\ 9)$ より、運命数3、6、9の人となる。

運命数aの人はつぎの二つの式で計算される運命数cの年齢が「凶年」となる。

(1) $a+3\equiv c \ (mod\ 9)$, (2) $a+6\equiv c \ (mod\ 9)$

例えば、運命数5をもつ人は、運命数が2、8になる年齢が危険であるから、二十六、二十九、三十五、三十八歳の年などに注意を要するというわけである。

る。A、Bは星座の番号の数値をあらわす。

（1）A座生まれの人とB座生まれの人が、

$A-B\equiv 0\ (mod\ 4),\ 1\leqq A,\ B\leqq 12$

の式をみたすとき、相性が最高にいいといえる。牡羊座の人（数値1）と獅子座の人（数値5）とは、$1-5\equiv -4\equiv 0\ (mod\ 4)$ となって、前の式をみたすわけである。

さらに、この $A-B\equiv 0\ (mod\ 4)$ の式を変形すると $A\equiv B\ (mod\ 4)$ となるから、牡牛座生まれの人は、$2\equiv 2\ (mod\ 4)$, $2\equiv 6\ (mod\ 4)$, $2\equiv 10\ (mod\ 4)$ が成り立つので、2の牡牛座、6の乙女座、10の山羊座の人ともっとも相性がいいことがわかる。

（2）A座の人とB座の人とが、

$A\pm 2\equiv B\ (mod\ 12),\ 1\leqq A,\ B\leqq 12$

の式をみたすとき、相性はいいといえる。牡牛座生まれの人は図表から、値が2だから、$2+2\equiv 4\ (mod\ 12)$、および $2-2\equiv 0\equiv 12\ (mod\ 12)$ となるので、4は蟹座、12は魚座で、この二つの星座生まれの人と相性がいいということになる。

（3）A座生まれとB座生まれの人が、

$A\pm 3\equiv B\ (mod\ 12),\ 1\leqq A,\ B\leqq 12$

数	1	2	3	4	5	6	7	8	9	10	11	12
星座	牡羊座	牡牛座	双子座	蟹座	獅子座	乙女座	天秤座	蠍座	射手座	山羊座	水瓶座	魚座

の式をみたすときには、相性がよくないといえる。双子座の人は、図表から3だから、3＋3≡6, 3−3≡0≡12 (mod 12) となり、6の乙女座、12の魚座生まれの人とは相性が悪いことになる。

†十二支と九星の相性の計算

数式を使って十二支と九星による相性を検算してみよう。

まず、十二支には下表のように番号をつける。

生まれ年の十二支に対応する数値がxのとき、つぎの式$f(x)$を計算する。

$$f(x)\equiv\left(\left[\frac{x}{3}\right]+\left[\frac{x}{8}\right]+2\right)\left(\left[\frac{x}{3}\right]-\left[\frac{x-2}{3}\right]\right)+3\ (mod\ 5)$$

そのとき、生まれ年の十二支に対応する数値がxの人とyの人は、つぎの式をみたすとき相性がいいといえる。

$$(f(x)-f(y))^2\equiv1\ (mod\ 5)$$

例えば、子年生まれの人は、

$$f(1)=\left(\left[\frac{1}{3}\right]+\left[\frac{1}{8}\right]+2\right)\left(\left[\frac{1}{3}\right]-\left[\frac{1-2}{3}\right]\right)+3=(0+0+2)(0-(-1))+3=5$$

卯年生まれの人は、$f(4)=6\equiv1\ (mod\ 5)$となり、$(f(1)-f(4))^2=(5-1)^2=16\equiv1\ (mod\ 5)$より、相性がいいということになる。

つぎに、生まれ年の九星の数値をXとするとき、つぎの式$g(X)$を計算する。

$$g(X)\equiv\left\{\left[\frac{X}{3}\right]\left(1+\left[\frac{X}{3}\right]-\left[\frac{X+1}{3}\right]\right)+1-\left[\frac{1}{X}\right]\right\}\times3\ (mod\ 5)$$

そのとき、生まれ年の九星がXの人とYの人は、つぎの式をみたすとき相性がいいといえる。

$$(g(X)-g(Y))^2\equiv1\ (mod\ 5)$$

例えば、本命星が一白の人と四緑の人は、$g(1)=0$, $g(4)=6\equiv1\ (mod\ 5)$となって、式をみたすので、相性がいいといえるのである。

x	1	2	3	4	5	6	7	8	9	10	11	12
十二支	子	丑	寅	卯	辰	巳	午	未	申	酉	戌	亥

あとがき

私たちは毎日のように暦を見る。日付や曜日を知るためばかりでなく、休日や大安、仏滅などを確かめるにも暦をめくる。そして、今日は何月何日何曜日とわかったと同時に、仕事や約束を思いだすこともある。日付や曜日が私たちの生活の指標になっているからである。それは、現在、私たちが生きている時間に区切りをつけて、流れゆく「とき」に刻み目をつけたものが、日であり曜日であるからだともいえる。

しかし、予定を立てたあとで改めて暦を眺めてみると、面白いことに気がつく。今月の五週目の金曜日が、月が変わった次の月の第一週の一日目だったり、暦の一ヵ月の終わりが空欄になっていて、一週間が不揃いに二段にまたがっていたりすることである。

なぜ揃っていないのか、と考えてみると、一週間を揃えれば一ヵ月が不完全になるし、一ヵ月をまとめれば一週間が揃わなくなるという当然のことに気がつく。

もう少し眺めてみると、日曜日が全世界ほぼ共通に赤色で記されていることも、もう慣れきっていることとはいえその由来が気になってくる。

こうして、暦をもういちど丹念に観察しなおすと、

「一週間七日という単位はどうしてきまったのか」

「日月火水木金土とは、どんな意味があり、どうしてこのような順序になったのか」

「一年はどうして六ヵ月や十ヵ月でなく、十二ヵ月あるのか」

「二月だけが二十八日しかないのはなぜか」

など、つぎつぎと新しい疑問が湧いてくる。

さらに、英語などの十二ヵ月を調べてみると、一月から六月までは神の名、七月と八月は歴史上の人物、九月から十二月までは数字に由来している。しかもその数字と月の順序とが二つずつずれているのを見つければ、どうしてそのずれが生じたのか、その矛盾を解き明かさずにはいられない衝動にかられる。「セプテンバー」という月が「七番目の月」という意味をもちながら、今なお「九月」として生きて使われているという事実は、数学を専攻する私にとって驚きであり、許しがたいものに思われた。その歴史的な由来をたずねて納得せずにはおかない思いが、暦の生い立ちを探ることへ駆り立てたという気がする。

まず空間や時間を区切るものは何か、という疑問を投げかけてみると、それが年月日であり、それを私たちの前に数字で示したものが暦であることに気がつく。そうなると、その裏側にひそむ暦の生い立ちとふくらみを追いかけてみたくなる。

先人の書をひもといてゆくうちに、暦のもつ側面、いやそれが本質かもしれない暦の顔に、厖大な文化が一杯被さっていることがわかってくる。

英語の月の名前には、ギリシャの神々、週の名前には、北欧の神々の名、そして日本の週の名前は、中国の五行など、神話や世界観が根をおろしていたわけである。

太陽と月を、人類が生きるうえで「時間」のめどとしたのは当然のこととはいえ、そこには天体を探る長い努力の歴史があった。

天文や神話、宗教、民俗などという、人類が歩んできた知恵の結晶がそのまま暦の歴史として今日に伝えられてきたのである。暦への問いかけは、まさに人類の歴史との感動的な出会いを味わうことになる。

各分野の専門家の残した業績のなかから、いろいろな組み合わせによって焦点を絞ってみると、そこには一つの論理があり、必然があり、数理が存在することを発見する。

暦が「数」によってつなげられているという発見は限りない喜びだったように思う。数と数をつないでいるものが論理であるともいえるし、論理を数でつないだとも考えられる。また、時間を数で区切って、宗教や民俗の上につくり上げたものが暦であるともいえるのである。

そしてその数が、やがて科学の世界からはみ出して心情の世界へと糸で結んだように発展して、暦から占いへの懸け橋になったようにも思える。占いが正しいかどうかは別として、それはただ数に意味づけをした人間のなせるわざであり、数がとり結んだ縁ともいえるであろう。

暦は、人類の偉大な文化遺産である。占いは夢と想念である。しかし、読者もそれらを結ぶ抽象的な数の力の大きさと神聖さにはやはり魅《ひ》かれるのではないだろうか。数の語る暦のすべて、そして占いへの道筋は、人類の歩いてきた姿そのものではないかと思われてならない。

「暦の余白」にふと興味を感じて一つの筋書きを求め、数を手掛かりの杖として論理の道をたどりながら一冊の書物にまとめてみたのが本書である。

書き上げてみると、あれもこれもと書き足りないことがたくさんあって、後ろ髪を引かれる思いもあり、ページ数の関係で全体としてさわりばかり集めたきらいがあるのも心残りである。いずれ機会があれば、存分に書きこんだものを発表したいと思う。

本書を出版するに当たって、終始暖かく励まして下さった宗左近先生に心から感謝したい。また、資料を提供して下さったり、知恵をお貸し下さった諸先輩に厚く御礼申し上げる。

最後になったが、新潮社出版部の山岸浩氏には一方ならぬ御苦労をおかけしたことをお詫びし、合わせて深く感謝する。

昭和五十七年五月

著者

参考文献

飯島忠夫『天文暦法と陰陽五行説』昭和五十四年、第一書房
〃『支那暦法起原考』昭和五十四年、第一書房
佐藤政次『暦学史大全』昭和四十三年、駿河台出版社
〃『日本暦学史』昭和四十六年、駿河台出版社
能田忠亮『暦』昭和四十七年、至文堂
広瀬秀雄『暦』昭和五十三年、近藤出版社
藪内清『歴史はいつ始まったか』昭和五十五年、中公新書
吉野裕子『陰陽五行から見た日本の祭』昭和五十三年、弘文堂
渡辺敏夫『日本の暦』昭和五十一年、雄山閣
荒木俊馬『天文年代学講話』昭和三十五年、恒星社厚生閣
荒木俊馬『西洋占星術』昭和四十六年、恒星社厚生閣
中山茂『占星術』昭和五十六年、紀伊國屋書店
丸山松幸訳『易経』昭和四十六年、徳間書店
石田博『中国の故事』昭和五十三年、雄山閣
袁珂（伊藤・高畠・松井訳）『中国古代神話』昭和四十九年、みすず書房
ギラン（清水茂訳）『ゲルマン、ケルトの神話』昭和五十二年、みすず書房
グリマル（高津春繁訳）『ギリシャ神話』昭和五十一年、白水社

呉茂一『ギリシャ神話』昭和四十八年、新潮社
グレンベック（山室静訳）『北欧神話と伝説』昭和五十二年、新潮社
ゴールドン（柴山栄訳）『聖書以前』昭和五十一年、みすず書房
白川静『中国の神話』昭和五十年、中央公論社
立川・石黒・菱田・島『ヒンドゥーの神々』昭和五十五年、せりか書房
谷口幸男『エッダとサガ』昭和四十三年、新潮社
ネッケル（谷口幸男訳）『エッダ』昭和五十年、新潮社
定方晟『須弥山と極楽』昭和四十八年、講談社
フック（吉田泰訳）『オリエント神話と聖書』昭和五十三年、山本書店
森三樹三郎『中国古代神話』昭和四十四年、清水弘文堂書房
守本順一郎『アジア宗教への序章』昭和五十五年、未来社
モラン（美田稔訳）『インドの神話』昭和五十二年、みすず書房
山形孝夫『聖書の起源』昭和五十二年、講談社

白鳥庫吉『白鳥庫吉全集』（全八巻）昭和四十五年、岩波書店
中桐大有『数の歴史と理論』昭和二十三年、明窗書房
鈴木敬信編『天文学の応用』（新天文学講座）昭和四十三年、恒星社厚生閣
藪内清編『天文学の歴史』（新天文学講座）昭和四十三年、恒星社厚生閣
鈴木敬信『天文学』昭和五十五年、地人書館
F・ホイル（鈴木敬信訳）『天文学の最前線』昭和五十年、法政大学出版局

BRANSTON, Brian: *Gods & Heroes from Viking Mythology*, Eurobook Ltd., London, 1978.
FIELD, D.M.: *Greek and Roman Mythology*, Hamlyn Publishing Group Ltd., London, 1977.
MÜLLER, Max: *Comparative Mythology*, Longmans, Green & Co., New York, London, 1856.
——: *Selected Papers on Language, Mythology and Religion*, AMS Press, New York, 1881.
OKEN, Alen: *Complete Astrology*, Bantam Books Inc., New York, 1976.
PARRINDER, Geoffrey: *Man and his Gods*, Hamlyn Publishing Group Ltd., London, 1971.

つぎに平易に読める啓蒙書を掲げる。

五来重『仏教と民俗』昭和五十二年、角川書店
沖野岩三郎『迷信の話』昭和四十四年、恒星社厚生閣
鈴木敬信『暦と迷信』昭和四十六年、恒星社厚生閣
竹内照夫『干支物語』昭和四十九年、社会思想社
中村元『仏教語源散策』（正・続）昭和五十三年、東京書籍
服部一敏・茂木幹弘『暦の読み方』昭和五十四年、日本実業出版社
広瀬秀雄『暦』昭和四十九年、ダイヤモンド社
松田治『ローマ神話の発生』昭和四十年、社会思想社
松田邦夫『暦の見方・つかい方』昭和五十四年、海南書房
新人物往来社編『万有こよみ百科』昭和四十九年、新人物往来社
ヤ・イ・シュール（藤川・斎藤訳）『おもしろい暦の科学』昭和四十六年、社会思想社
渡辺敏夫『こよみと天文』昭和四十五年、恒星社厚生閣

ルル・アラブ『占星学の見方』昭和五十四年、東栄社
金谷治『易の話』昭和五十一年、講談社
草下英明『星座の伝説』昭和五十五年、保育社
野尻抱影『星の神話・伝説』昭和五十四年、講談社
原恵『星座の神話』昭和五十年、恒星社厚生閣
服部龍太郎『易と日本人』昭和五十年、雄山閣
門馬寛明『西洋数秘術入門』昭和五十五年、東邦出版社
山本一清『星座とその伝説』昭和五十一年、恒星社厚生閣
コナント（小田信夫訳）『数の起源と発達』昭和十五年、宝文館
ダンツィク（河野伊三郎訳）『科学の言葉＝数』昭和二十年、岩波書店
デービス（田島一郎・加藤勝訳）『大きな数』昭和四十五年、河出書房新社
平山諦『東西数学物語』昭和四十八年、恒星社厚生閣
メシコフスキー（永田久・小林富郎訳）『数学思想史』昭和四十八年、法政大学出版局
ライヒマン（永田久・船根智美訳）『数の魅惑』昭和四十三年、法政大学出版局

KODANSHA

本書の原本は、一九八二年に『暦と占いの科学』として
新潮選書より刊行されました。

永田　久（ながた　ひさし）

1925-1995。神奈川県生まれ。東京教育大学理学部数学科卒業。専門は数学基礎論。法政大学教授。著書に『年中行事を「科学」する』『暦の知恵・占いの神秘』『数学思想史』（共訳）『数の魅惑』（共訳）など。

講談社学術文庫

定価はカバーに表示してあります。

暦《こよみ》と占《うらな》い

秘《ひ》められた数学的《すうがくてき》思考《しこう》

永田《ながた》　久《ひさし》

2020年2月10日　第1刷発行
2022年11月8日　第2刷発行

発行者　鈴木章一
発行所　株式会社講談社
東京都文京区音羽2-12-21 〒112-8001
電話　編集（03）5395-3512
販売（03）5395-4415
業務（03）5395-3615

装　幀　蟹江征治
印　刷　株式会社広済堂ネクスト
製　本　株式会社国宝社
本文データ制作　講談社デジタル製作

ISBN978-4-06-518696-1

「講談社学術文庫」の刊行に当たって

これは、学術をポケットに入れることをモットーとして生まれた文庫である。学術は少年の心を養い、成年の心を満たす。その学術がポケットにはいる形で、万人のものになることは、生涯教育をうたう現代の理想である。

こうした考え方は、学術を巨大な城のように見る世間の常識に反するかもしれない。また、一部の人たちからは、学術の権威をおとすものと非難されるかもしれない。しかし、それはいずれも学術の新しい在り方を解しないものといわざるをえない。

学術は、まず魔術への挑戦から始まった。やがて、いわゆる常識をつぎつぎに改めていった。学術の権威は、幾百年、幾千年にわたる、苦しい戦いの成果である。こうしてきずきあげられた城が、一見して近づきがたいものにうつるのは、そのためである。しかし、学術の権威を、その形の上だけで判断してはならない。その生成のあとをかえりみれば、その根は常に人々の生活の中にあった。学術が大きな力たりうるのはそのためであって、生活をはなれた学術は、どこにもない。

開かれた社会といわれる現代にとって、これはまったく自明である。生活と学術との間に、もし距離があるとすれば、何をおいてもこれを埋めねばならない。もしこの距離が形の上の迷信からきているとすれば、その迷信をうち破らねばならぬ。

学術文庫は、内外の迷信を打破し、学術のために新しい天地をひらく意図をもって生まれた。文庫という小さい形と、学術という壮大な城とが、完全に両立するためには、なおいくらかの時を必要とするであろう。しかし、学術をポケットにした社会が、人間の生活にとってより豊かな社会であることは、たしかである。そうした社会の実現のために、文庫の世界に新しいジャンルを加えることができれば幸いである。

一九七六年六月

野間省一

自然科学

近代科学を超えて
村上陽一郎著

クーンのパラダイム論をふまえた科学理論発展の構造を分析。科学の歴史的考察と構造論的考察から、科学史と科学哲学の交叉するところに、科学の進むべき新しい道をひらいた気鋭の著者の画期的科学論である。

764

数学の歴史
森　毅著

数学はどのように生まれどう発展してきたか。数学史を単なる記号や理論の羅列とみなさず、あくまで人間の文化的な営みの一分野と捉えてその歩みを辿る。知的な挑発に富んだ、歯切れのよい万人向けの数学史。

844

数学的思考
森　毅著（解説・野崎昭弘）

「数学のできる子は頭がいい」か、それとも「数学などやる人間は頭がおかしい」か。ギリシア以来の数学的思考の歴史を一望。現代数学・学校教育の歪みを一刀両断。数学迷信を覆し、真の数理的思考を提示。

979

魔術から数学へ
森　毅著（解説・村上陽一郎）

西洋に展開する近代数学の成立劇。小数はどのように生まれたか、対数は、微積分は？　宗教戦争と錬金術が猖獗を極める十七世紀ヨーロッパでガリレイ、デカルト、ニュートンが演ずる数学誕生の数奇な物語。

996

構造主義科学論の冒険
池田清彦著

旧来の科学的真理を問直す卓抜な現代科学論。科学理論を唯一の真理として、とめどなく巨大化し、環境破壊などの破滅的状況をもたらした現代科学。多元主義にもとづく科学の未来を説く構造主義科学論の全容。

1332

新装版解体新書
杉田玄白著／酒井シヅ現代語訳（解説・小川鼎三）

日本で初めて翻訳された解剖図譜の現代語訳。オランダの解剖図譜『ターヘル・アナトミア』を玄白らが翻訳。日本における蘭学興隆のきっかけをなし、また近代医学の足掛りとなった古典的名著。全図版を付す。

1341

《講談社学術文庫　既刊より》

自然科学

中村桂子著
生命誌とは何か
「生命科学」から「生命誌」へ。博物学と進化論、DNA、クローン技術など、人類の「生命への関心」を歴史的にたどり、生きものの多様性と共通性を包む新たな世界観を追求する。ゲノムが語る「生命の歴史」。

2240

アイザック・アシモフ著／太田次郎訳
生物学の歴史
人類は「生命の謎」とどう向き合ってきたか。古代ギリシャ以来、博物学、解剖学、化学、遺伝学、進化論などの間で揺れ動き、二〇世紀にようやく科学として体系を成した生物学の歴史を、SF作家が平易に語る。

2248

広瀬立成著
相対性理論の一世紀
時間と空間の概念を一変させたアインシュタイン。「力の統一」「宇宙のしくみ」など現代物理学の起源となった研究はいかに生まれたか。科学の常識を根底から覆した天才の物理学革命が結実するまでのドラマ。

2256

中谷宇吉郎著（解説・池内　了）
寺田寅彦　わが師の追想
その文明観・自然観が近年再評価される異能の物理学者に間近に接した教え子による名随筆。研究室の様子から漱石の思い出まで、大正～昭和初期の学問の場の闊達な空気と、濃密な師弟関係を細やかに描き出す。

2265

村上陽一郎著
奇跡を考える　科学と宗教
科学はいかに神の代替物になったか？　奇跡の捉え方を古代以来のヨーロッパの知識の歴史にたどり、また宗教と科学それぞれの論理と言葉の違いを明らかにして、人間中心主義を問い直し、奇跡の本質に迫る試み。

2269

尾本恵市著
ヒトはいかにして生まれたか　遺伝と進化の人類学
人類は、いつ類人猿と分かれたのか。ヒトが直立二足歩行を始めた時、DNAのレベルでは何が起こっていたのか。遺伝学の成果を取り込んでやさしく語る、人類誕生の道のり。文理融合の「新しい人類学」を提唱。

2288

数学の考え方
矢野健太郎著（解説・茂木健一郎）
数学とは人類の経験の集積である。ものの見方、考え方の歴史としてその道程を振り返るとき、眼前には見たことのない「風景」が広がるだろう。数えることから現代数学までを鮮やかにつなぐ、数学入門の金字塔。
2315

イヌ　どのようにして人間の友になったか
J・C・マクローリン著・画／澤﨑　坦訳（解説・今泉吉晴）
アメリカの動物学者でありイラストレーターでもある著者が、人類とオオカミの子孫が友として同盟を結ぶまでの進化の過程を、一〇〇点以上のイラストと科学的推理をまじえてやさしく物語る。犬好き必読の一冊。
2346

天才数学者はこう解いた、こう生きた　方程式四千年の歴史
木村俊一著
ピタゴラス、アルキメデス、デカルト……天才の発想と生涯に仰天！　古代バビロニアの60進法からヒルベルトの「二〇世紀中に解かれるべき二三の問題」まで、数学史四千年を一気に読みぬく痛快無比の数学入門。
2360

人間の由来（上）（下）
チャールズ・ダーウィン著／長谷川眞理子訳・解説
『種の起源』から十年余、ダーウィンは初めて人間の由来と進化を本格的に扱った。昆虫、魚、両生類、爬虫類、鳥、哺乳類から人間への進化を「性淘汰」で説明。我々はいかにして「下等動物」から生まれたのか。
2370・2371

アーネスト・サトウの明治日本山岳記
アーネスト・メイスン・サトウ著／庄田元男訳
幕末維新期の活躍で知られる英国の外交官サトウ。彼は日本の「近代登山の幕開け」に大きく寄与した人物でもあった。富士山、日本アルプス、高野山、日光と尾瀬……。数々の名峰を歩いた彼の記述を抜粋、編集。
2382

星界の報告
ガリレオ・ガリレイ著／伊藤和行訳
月の表面、天の川、木星……。ガリレオにしか作れなかった高倍率の望遠鏡に、宇宙は新たな姿を見せた。その衝撃は、伝統的な宇宙観の破壊をもたらすことになる。人類初の詳細な天体観測の記録が待望の新訳！
2410

文化人類学・民俗学

年中行事覚書
柳田國男著（解説・田中宣一）

人々の生活と労働にリズムを与え、共同体内に連帯感を生み出す季節の行事。それらなつかしき習俗・行事の数々に民俗学の光をあて、隠れた意味や成り立ちを探る。日本農民の生活と信仰の核心に迫る名著。

124

妖怪談義
柳田國男著（解説・中島河太郎）

河童や山姥や天狗等、誰でも知っているのに、実はよく知らないこれらの妖怪たちを追究してゆくと、正史に現われない、国土にひそむ歴史の真実をかいまみることができる。日本民俗学の巨人による先駆的業績。

135

中国古代の民俗
白川　静著

未開拓の中国民俗学研究に正面から取り組んだ労作。著者独自の方法論により、従来知られなかった中国民族の生活と思惟、習俗の固有の姿を復元、日本古代の民俗的事実との比較研究にまで及ぶ画期的な書。

484

南方熊楠《みなかたくまぐす》
鶴見和子著（解説・谷川健一）

南方熊楠――この民俗学の世界的巨人は、永らく未到のままに聳え立ってきたが、本書の著者による満身の力をこめた独創的な研究により、ようやくその全体像を現わした。〈昭和54年度毎日出版文化賞受賞〉

528

魔の系譜
谷川健一著（解説・宮田　登）

正史の裏側から捉えた日本人の情念の歴史。死者の魔が生者を支配するという奇怪な歴史の底流に目を向け、呪術師や巫女の発生、呪詛や魔除けなどを通して、日本人特有の怨念を克明に描いた魔の伝承史。

661

塩の道
宮本常一著（解説・田村善次郎）

本書は生活学の先駆者として生涯を貫いた著者最晩年の貴重な話――「塩の道」「日本人と食べ物」「暮らしの形と美」の三点を収録。独自の史観が随所に読みとれ、宮本民俗学の体系を知る格好の手引書。

677

文化人類学・民俗学

悲しき南回帰線　（上）（下）
C・レヴィ＝ストロース著／室　淳介訳
「親族の基本構造」によって世界の思想界に波紋を投じた著者が、アマゾン流域のカドゥヴェオ族、ボロロ族など四つの部族調査と、自らの半生を紀行文の形式でみごとに融合させた「構造人類学」の先駆の書。
711・712

民間暦
宮本常一著（解説・田村善次郎）
民間に古くから伝わる行事の底には各地共通の原則が見られる。それらを体系化して日本人のものの考え方、労働の仕方を探り、常民の暮らしの折り目をなす暦の意義を詳述した宮本民俗学の代表作の一つ。
715

ふるさとの生活
宮本常一著（解説・山崎禅雄）
日本の村人の生き方に焦点をあてた民俗探訪。祖先の生活の正しい歴史を知るため、戦中戦後の約十年間にわたり、日本各地を歩きながら村の成立ちや暮らしの仕方、古い習俗等を丹念に掘りおこした貴重な記録。
761

庶民の発見
宮本常一著（解説・田村善次郎）
戦前、人々は貧しさを克服するため、あらゆる工夫を試みた。生活の中で若者をどう教育し若者はそれをどう受け継いできたか。日本の農山漁村を生きぬいた庶民の内側からの目覚めを克明に記録した庶民の生活史。
810

日本藝能史六講
折口信夫著（解説・岡野弘彦）
まつりと神、酒宴とまれびとなど独特の鍵語を駆使して藝能の発生を解明。さらに田楽・猿楽から座敷踊りまで日本の歌謡と舞踊の歩みを通観。藝能の始まりと展開を平易に説いた折口民俗学入門に好適の名講義。
994

新装版明治大正史　世相篇
柳田國男著（解説・桜田勝徳）
柳田民俗学の出発点をなす代表作のひとつ。明治・大正の六十年間に発行されたあらゆる新聞を渉猟して得た資料を基に、近代日本人のくらし方、生き方を民俗学的方法によってみごとに描き出した刮目の世相史。
1082

日本の神々
松前　健著

イザナギ、イザナミ、アマテラス、そしてスサノヲ。歴史学と民族学・比較神話学の二潮流をふまえ、神々の素朴な「原像」が宮廷神話へと統合される過程を追い、信仰や祭祀の形成と古代国家成立の実像に迫る。

2342

魚の文化史
矢野憲一著

イワシの稚魚からクジラまで。世界一の好魚民族といわれる日本人の魚をめぐる生活誌を扱うユニークな書。誰でも思いあたることから意表を突く珍しい事例まで、魚食、神事・祭礼、魚に関する信仰や呪術を総覧！

2344

霊山と日本人
宮家　準著

私たちはなぜ山に手を合わせるのか。神仏や天狗はなぜ山に住まうのか。修験道研究の第一人者が日本の山岳信仰を東アジアの思想の一端に位置づけ、人々の生活と関連づけながらその源流と全体像を解きあかす。

2347

神紋総覧
丹羽基二著

出雲大社は亀甲紋、諏訪神社は梶の葉紋、八幡神社は巴紋……。家に家紋があるように、神社にも紋章＝「神紋」がある。全国四千社以上の調査で解きあかす〈神の紋〉の意味と歴史、意匠と種類。三百以上収録。

2357

日本古代呪術　陰陽五行と日本原始信仰
吉野裕子著（解説・小長谷有紀）

古代日本において、祭りや重要諸行事をうごかした原理とは？　白鳳期の近江遷都、天武天皇陵、高松塚古墳、大嘗祭等に秘められた幾重にもかさなる謎を果敢に解きほぐし、古代人の思考と世界観に鋭くせまる。

2359

故郷七十年
柳田國男著（解説・佐谷眞木人）

齢八十をこえて新聞社に回顧談を求められた碩学は言った。「それは単なる郷愁や回顧の物語に終るものでないことをお約束しておきたい」。故郷、親族、官途、そして詩文から民俗学へ。近代日本人の自伝の白眉。

2393